# 水泥窑热力学研究

孙义燊　著

东南大学出版社·南京

## 内容提要

本书是作者根据长期从事水泥工程热力学、水泥窑余热发电系统的研究,结合水泥技术管理工作的经验撰写而成。应用热力学和传热理论,对水泥熟料烧成、余热发电全过程进行数学分析,探讨各子系统之间的内在热力学关系,引入一些新概念,诸如生成单位熟料吸热量、窑型模数、热利用系数等,推导出一些相关的数学模型,得出若干具有明晰的物料含义的参数,以揭示过程中各种现象的内在联系。对于研究结论赋予数字量化,有利于理解和应用。

通过对水泥窑和发电两个热力系统的热力学研究,获得一种高效的、具有知识产权的水泥窑余热发电新的方法——烟气分流法,为水泥工厂的节能降耗提供借鉴和帮助。

本书可作为水泥工程技术人员和专业院校学生的学习培训教材及参考资料。

**图书在版编目(CIP)数据**

水泥窑热力学研究 / 孙义燊著. — 南京 : 东南大学出版社,2020.1
　ISBN 978 - 7 - 5641 - 8806 - 1

　Ⅰ. ①水…　Ⅱ. ①孙…　Ⅲ. ①水泥工业-热力学-研究　Ⅳ. ①TQ013.1

中国版本图书馆 CIP 数据核字(2020)第 010439 号

## 水泥窑热力学研究

Shuiniyao Relixue Yanjiu

著　　者:孙义燊
责任编辑:戴　丽
文字编辑:韩小亮
封面设计:王　玥
责任印制:周荣虎
出版发行:东南大学出版社
社　　址:南京市四牌楼 2 号　　邮编:210096
网　　址:http://www.seupress.com
出 版 人:江建中
经　　销:全国各地新华书店
印　　刷:江苏凤凰数码印务有限公司
排　　版:南京布克文化发展有限公司
开　　本:700 mm×1 000 mm　1/16
印　　张:9
字　　数:180 千字
版　　次:2020 年 1 月第 1 版
印　　次:2020 年 1 月第 1 次印刷
书　　号:978-7-5641-8806-1
定　　价:50.00 元

本社图书若有印装质量问题,请直接与营销部联系。电话:025-83791830

# 序

　　窑外分解技术引入我国已有数十年之久,经历了引进、消化、吸收、完善和创新的过程,取得了举世瞩目的辉煌成果。如今,无论在生产规模还是技术水平,均已居于国际领先地位。为此全行业科技人员付出了艰辛劳动,挥洒了聪明才智。我们有幸参与了这个行列。

　　本书的作者,毕业于南京工学院(今东南大学),早期工作在水泥生产第一线,此后长期战斗在新技术的管理和推广的重要岗位上。因此他具有丰富的生产实践经验和深厚的理论基础,本身虽然不是专职的研究人员,但因长期从全局出发关注行业新技术的应用与推广,并不懈地进行了深入的理论分析与探讨,因此自20世纪80年代开始撰写了多篇有分量的论文,对于各个时期窑外分解新技术的发展与进步,起了很好的推动和指导作用。

　　本书突出了运用工程学的观点,以基本理论(特别是热力学和传热学)为指导,并着眼于烧成全系统(包括预热器,分解炉,回转窑,冷却机和余热锅炉等)优化的研究。重点探讨各子系统之间内在的热力学关系,推导出的一些相关的数学模型以及归纳出若干有物理含义的参数,可作为分析、评议技术参数的依据,同时在一定程度上也可给当今开展生产技术智能化的创新工作提供参考。

　　本书强调在节能工作中,应着重于提高"高品质(畑)热能"利用率的理念,以及有关烟气分流余热发电的构想,值得关注。

　　作者是水泥战线上的老战士、老领导,在繁忙的行政领导工作之余,为水泥工业的发展进步,数十年如一日,孜孜不倦,潜心于热工理论的研究,完成了复杂的数学推导与计算,乃至高龄体弱仍不断修改完善。这种对事业的忠诚和对科学的求真精神,值得后来者敬佩和学习。

胡道和

2019.9

# 目　录

# 第一篇　水泥窑热力学研究

# 水泥回转窑热力参数方程*

**摘要**：根据水泥回转窑筒体具有发热、传热两重功能，提出窑型模数 $M_K$、回转窑筒体热利用系数 $U_K$、系统热利用系数 $U$ 和传热单元 $LD_i^{1.5}$ 等概念。建立窑型模数与窑筒体平均传热强度 $Q_K/LD_i^{1.5}$、窑尾出口烟气温度 $t_{kf}$ 之间的函数关系式。

提出形成单位熟料所需吸收的热量 $q_{cl}$ 和在窑筒体内吸收热量 $q_k$ 的概念。从热工机理出发，用数学分析方法，导出系列参数方程及生产能力公式。

**关键词**：窑筒体传热；窑型模数；热利用系数；传热单元

## 0　前言

水泥熟料生产技术已有长足进展。生产技术的进步，体现在生产装备的不断地开发、更新，由立窑到回转窑，进入回转窑时代，由中空干法回转窑派生出湿法窑、半干法窑（立波尔窑）、预热器窑、预分解窑。由于回转窑筒体集发热、传热、化学反应（熟料烧结）、输送等功能于一身，而且结构简单、运行可靠，因此至今仍然是水泥窑系统的不可缺少的主要设备。曾有不少学者对它的热力特性进行过研究，但未见将发热、传热两者统一、建立其数学模型，以揭示其内在联系，故至今，预热器窑、预分解窑对其产量和窑型仍沿用一些诸如单位面积、单位容积和长径比($L/D$)等概念。

回转窑筒体及各种类型窑均存在传热能力与发热能力相匹配问题，对于中空干法回转窑其传热能力是其控制因素，以其出口烟气温度过高为证，因此研究回转窑的传热能力是研究系统热力性能的基础。本文试图从窑筒体传热量入手，用数学分析的方法，对回转窑的热力性能进行讨论，建立有关表述其热力特性的参数方程，进而研究各种窑型的特性。

## 1　回转窑筒体

### 1.1　传热方程

回转窑筒体内的传热是一个复杂的过程，既有辐射传热又有对流传热及热传

---

　*　原发表于《硅酸盐学报》第九卷第四期，1981 年 4 月。原标题《中空回转窑的传热量、窑型模数和预热设备匹配问题》。

导。很难以一个完整的、实用的式子予以准确地表达。其生产能力取决于传热量，目前对于生产能力的标定方法大都采用参照现有规格相近生产窑的生产能力和对生产窑的运行数据以统计方法建立回归式，后者虽具有实用性，但有时限性，随着技术进步则游离于实际，失去应用价值，同时缺乏物理概念。因此有必要针对其热力特性进行研究，探讨建立其有关的数学模型。

中空回转窑的热气体基本处于高温状态，其传热方式是以辐射为主。在回转窑筒体内辐射传热包括含尘气体直接向物料辐射传热，含尘气体向衬料辐射传热，转而衬料直接向物流辐射和通过具有吸收与辐射能力的气流层的间接辐射传热等。故其热量传递过程有别于单纯固体辐射传热，且其最终结果是气体中的热焓传给了物料。因而衬料在传热过程中实际是一个再辐射面，对传热起到强化作用，可以用再辐射因子($\bar{F}$)体现在总包传热系数之中，则整个过程可以用气体辐射传热来表述。

含尘气体辐射热量是气体绝对温度 $T_g$ 与黑度 $\varepsilon_g$ 的函数，而黑度(辐射率)与气体中 $CO_2$，$H_2O$ 的分压及辐射线平均长度有关，参照回归式 $G = 0.054\,5LD_i^{1.5}$，回转窑含尘气体辐射率大致正比于 $D_i^{0.5}$，即 $\varepsilon_g = aD_i^{0.5}$，说明传热量不是简单正比热面积 $L \cdot D_i\sin\theta$($\theta$ 为物料表面所对应的中心角的一半)，而是正比于 $D_i^{0.5}$ 与传热面积的乘积，即正比于 $LD_i^{1.5}$。由于传热量正比于生产能力，德国 Weber 和法国 A. Follot 提出 DB 窑(原指附有余热锅炉的中空干法窑)的生产能力公式：

$$G_{DB} = KLD_i^{1.5} \qquad (1)$$

根据国内 27 台 DB 窑的统计资料，当长径比在某一范围内时，是基本符合上述关系的，以单位长度产量的对数 $\lg\dfrac{G}{L}$ 为纵坐标，以窑筒体有效内径的对数 $\lg D_i$ 为横坐标，得出一条近似的斜度为 1.5 的直线，其回归式为 $\lg\dfrac{G}{L} = -1.263 + 1.5\lg D_i$，$G = 0.054\,5LD_i^{1.5}$ (见图 1)，因此，$LD_i'$ 可视为是回转窑筒体的传热单元。但从图 1 中可以看出，也有个别现象，凡窑的长短度($LD_i^{1.5}/D_i^{1.5}$)较大者，单位长度产量偏低。其原因是该式没有反映出温度场

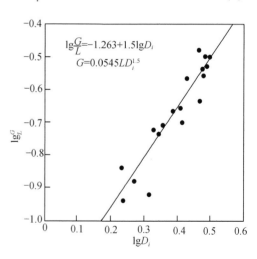

**图 1　回转窑单位面积产量与 $D_i$ 的关系**

这个对传热极为重要的因素。很显然,窑筒体的每一传热单元 $LD_i^{1.5}$ 的传热量是温度的函数,沿着窑筒体的长度方向,每一 $LD_i^{1.5}$ 的传热量是随温度递减而递减的,即由于窑筒体"长度"不同,其传热单元生产能力 $G/LD_i^{1.5}$ 不可能是一常量。这是该式的严重缺陷。

式(1)是以有效内径 $D_i$ 为不变量、长度 $L$ 为变量在直角坐标图上为横坐标,以 $G_{DB}$ 为纵坐标,是一条直线。实际上 $L$ 的作用是随 $L$ 的增长而逐渐衰减,应是多次方程的曲线。比较完整的式子,应该是既包括设备规格的因素,又有能体现温度制度的因素。已如上述,回转窑筒体的传热过程可以用气体向物料辐射来表达,则在其一微分长度 $dL$ 内之近似传热方程为:

$$
\begin{aligned}
dQ_K &= \sigma \cdot \varepsilon'_m \cdot \varepsilon_g (T_g^4 - T_m^4) \sin\theta \cdot \overline{F} \cdot D_i \cdot dL \\
&= a_1 \cdot \sigma \cdot \varepsilon'_m \cdot \sin\theta \cdot \overline{F} (T_g^4 - T_m^4) D_i^{1.5} \cdot dL \\
&= K_0 (T_g^4 - T_m^4) D_i^{1.5} dL \\
&\quad (K_0 = a_1 \cdot \sigma \cdot \varepsilon'_m \cdot \sin\theta \cdot \overline{F})
\end{aligned}
$$

式中:$Q_K$——回转窑筒体传热量(kJ);

$\quad K_0$——总包传热系数;

$\quad \sigma$——斯特藩(Stefan)-玻耳兹曼(Bolfzman)常数,$\sigma = 5.67 \times 10^{-8} [\mathrm{W/(m^2 \cdot K^4)}]$

$\quad \varepsilon_m$——物料表面辐射率,$\varepsilon'_m = \dfrac{1}{2}(\varepsilon_m + 1)$;

$\quad \overline{F}$——衬料再辐射面因子;

$\quad T_g, T_m$——分别为窑筒体内某一截面热气体及物料的绝对温度(K),它取决
$\qquad\qquad$ 于该截面之前的传热情况。

全窑传热方程为:

$$
Q_K = K_0 D_i^{1.5} \int_0^L (T_g^4 - T_m^4) dL \tag{2}
$$

$$
Q_K = K_0 D_i^{1.5} \int_0^L T_g^4 dL - K_0 D_i^{1.5} \int_0^L T_m^4 dL \tag{2'}
$$

由于该式中 $L, D_i$ 是已知值,温度 $T_g, T_m$ 为变量,是 $L, D_i$ 的函数,因此可建立其参数方程:

$$
(T_g, T_m) = f(L, D_i)
$$

根据热平衡,窑内某一截面与起始截面之间的热气体之热焓差 $\Delta H_g$ 应等于该段内之传热量 $\Delta Q_K$

$$
\Delta H_g = \Delta Q_K \tag{3}
$$

5

$$\Delta H_g = V_g \cdot C_g \cdot \Delta T_g = V_g \cdot C_g(T_{g0} - T_g)$$

$C_g$——热气体平均比热容[kJ/(Nm$^3$ · K)];

$V_g$——热气体量(Nm$^3$/h)。它与窑筒体的发热能力成正比。而发热能力与燃烧带内径 $D_i$ 的三次方成正比,即 $V_g = a_1 D_i^3$;

$T_{g0}$——烧成带热气体起始绝对温度(K)。

则有:
$$\Delta H_g = a_1 \cdot D_i^3 (T_{g0} - T_g)C_g \tag{4}$$

在单位长度 $L$ 内传热量 $\Delta Q$ 正比于传热单元 $LD_i^{1.5}$,即

$$\Delta Q_K = a_2 \cdot LD_i^{1.5} \tag{5}$$

将式(4)、式(5)代入式(3)整理可得:

$$T_g = T_{g0} - \frac{a_2}{a_1 C_g} \frac{LD_i^{1.5}}{D_i^3} = T_{g0} - \alpha \frac{LD_i^{1.5}}{D_i^3} \tag{6}$$

物料的温度升高正比于热气体的温度降低,由于窑内是逆流传热方式,气体温度与物料温度向同方向变化,即符号相同。

$$T_m = T_{m0} - a_3(T_{g0} - T_g) = T_{m0} - a_3 \cdot \alpha \frac{LD_i^{1.5}}{D_i^3} = T_{m0} - \beta \frac{LD_i^{1.5}}{D_i^3} \tag{7}$$

在预热器、预分解窑筒体内气流与物料温度沿窑长方向的变化,接近直线关系,则斜率 $a_3$ 可视为常数。

$$T_g^4 = \left(T_{g0} - \alpha \frac{LD_i^{1.5}}{D_i^3}\right)^4$$

$$= (T_{g0})^4 - 4\alpha \frac{D_i^{1.5}}{D_i^3}(T_{g0})^3 L + 6\left(\alpha \frac{D_i^{1.5}}{D_i^3}\right)^2 (T_{g0})^2 L^2 - 4\left(\alpha \frac{D_i^{1.5}}{D_i^3}\right)^3 (T_{g0})L^3 + \left(\alpha \frac{D_i^{1.5}}{D_i^3}\right)^4 L^4$$

$$T_m^4 = \left(T_{m0} - \beta \frac{LD_i^{1.5}}{D_i^3}\right)^4$$

$$= (T_{m0})^4 - 4\beta \frac{D_i^{1.5}}{D_i^3}(T_{m0})^3 L + 6\left(\beta \frac{D_i^{1.5}}{D_i^3}\right)^2 (T_{m0})^2 L^2 - 4\left(\beta \frac{D_i^{1.5}}{D_i^3}\right)^3 (T_{m0})L^3 + \left(\beta \frac{D_i^{1.5}}{D_i^3}\right)^4 L^4$$

将 $T_g^4$、$T_m^4$ 代入式(2′)并积分

$$\int_0^L T_g^4 \mathrm{d}L = (T_{g0})^4 L - 2(T_{g0})^3 \alpha \frac{D_i^{1.5}}{D_i^3} L^2 + 2(T_{g0})^2 \left(\alpha \frac{D_i^{1.5}}{D_i^3}\right)^2 L^3$$

$$- (T_{g0})\left(\alpha \frac{D_i^{1.5}}{D_i^3}\right)^3 L^4 + \frac{1}{5}\left(\alpha \frac{D_i^{1.5}}{D_i^3}\right)^4 L^5$$

$$\int_0^L T_m^4 \mathrm{d}L = (T_{m0})^4 L - 2(T_{m0})^3 \beta \frac{D_i^{1.5}}{D_i^3} L^2 + 2(T_{m0})^2 \left(\beta \frac{D_i^{1.5}}{D_i^3}\right)^2 L^3$$

$$- (T_{m0})\left(\beta \frac{D_i^{1.5}}{D_i^3}\right)^3 L^4 + \frac{1}{5}\left(\beta \frac{D_i^{1.5}}{D_i^3}\right)^4 L^5$$

$$Q_K = K_0 D_i^{1.5} \left[ \begin{array}{l} (T_{g0}^4 - T_{m0}^4)L - 2(\alpha T_{g0}^3 - \beta T_{m0}^3)\dfrac{D_i^{1.5}}{D_i^3}L^2 + 2(\alpha^2 T_{g0}^2 - \beta^2 T_{m0}^2)\left(\dfrac{D_i^{1.5}}{D_i^3}\right)^2 L^3 - \\[2mm] (\alpha^3 T_{g0} - \beta^3 T_{m0})\left(\dfrac{D_i^{1.5}}{D_i^3}\right)^3 L^4 + \dfrac{1}{5}(\alpha^4 - \beta^4)\left(\dfrac{D_i^{1.5}}{D_i^3}\right)L^5 \end{array} \right]$$

为判断各项数值的大小,暂设:$\dfrac{T_{g0} - T_g}{T_{g0}} = m_1$,$\dfrac{T_{m0} - T_m}{T_{m0}} = m_2$ $(m_1, m_2 < 1)$,

则:$T_{g0} m_1 = T_{g0} - T_g = \alpha \dfrac{L D_i^{1.5}}{D_i^3}$;$T_{m0} m_2 = T_{m0} - T_m = \beta \dfrac{L D_i^{1.5}}{D_i^3}$,代入上式得

$$Q_K = K_0 D_i^{1.5} \left[ \begin{array}{l} (T_{g0}^4 - T_{m0}^4)L - 2(m_1 T_{g0}^4 - m_2 T_{m0}^4)L^2 + \\[2mm] 2(m_1^2 T_{g0}^4 - m_2^2 T_{m0}^4)L^3 - (m_1^3 T_{g0}^4 - m_2^3 T_{m0}^4)L^4 + \\[2mm] \dfrac{1}{5}(m_1^4 T_{g0}^4 - m_2^4 T_{m0}^4)L^5 \end{array} \right]$$

其中 $K_0 \cdot D_i^{1.5} \cdot T_{g0}^4 \cdot T_{m0}^4$ 均为定值,$L \ll T_{m0} < T_{g0}$。因之:

$$\left| (T_{g0}^4 - T_{m0}^4)L \right| > \left| -2(m_1 T_{g0}^4 - m_2 T_{m0}^4)L^2 \right| > \left| 2(m_1^2 T_{g0}^4 - m_2^2 T_{m0}^4)L^3 \right| >$$

$$\left| -(m_1^3 T_{g0}^4 - m_2^3 T_{m0}^4)L^4 \right| > \left| \frac{1}{5}(m_1^4 T_{g0}^4 - m_2^4 T_{m0}^4)L^5 \right|$$

说明上式是收敛数列,而且 $m_1$ 和 $m_2$ 均小于1,则该式表明各项绝对值是迅速递减的,同时各项是符号正、负交叉。为便于实际应用,保留前正负两项,成为二次方程,其值逐渐降低是符合实际的,舍去尾部几项,虽有误差,但可在选取前两项系数时予以修正,可以满足工程精度的要求,则式(2)可近似地写成:

$$Q_K = K_0 D_i^{1.5} \left[ (T_{g0}^4 - T_{m0}^4)L - 2(\alpha T_{g0}^3 - \beta T_{m0}^3)\frac{D_i^{1.5}}{D_i^3}L^2 \right]$$

$$Q_K = (T_{g0}^4 - T_{m0}^4)K_0 L D_i^{1.5} \left[ 1 - 2\frac{\alpha T_{g0}^3 - \beta T_{m0}^3}{T_{g0}^4 - T_{m0}^4} \frac{L D_i^{1.5}}{D_i^3} \right]$$

$T_{g0}$,$T_{m0}$ 是窑热端起始点,即烧成带热端的热气体(火焰)与物料的绝对温度,

可作为常数处理，令：$K_Q = (T_{g0}^4 - T_{m0}^4)K_0'$；$k = \dfrac{2(\alpha T_{g0}^3 - \beta T_{m0}^3)}{T_{g0}^4 - T_{m0}^4}$

$$Q_K = K_Q L D_i^{1.5}\left(1 - k\frac{L}{D_i^{1.5}}\right) \tag{8}$$

令：$\dfrac{L}{D_i^{1.5}} = M_K$，式(8)可写为：

$$Q_K = K_Q L D_i^{1.5}(1 - kM_K) \tag{8'}$$

式中：$K_Q$——回转窑筒体传热系数；

  $k$——运行系数；

  $LD_i^{1.5}$——回转窑筒体的传热单元，是窑筒体的单位传热几何能力；

  $M_K = \dfrac{L}{D_i^{1.5}} = \dfrac{LD_i^{1.5}}{D_i^3}$——窑筒体的几何传热能力与几何发热能力之比，命名为

"窑型模数"。

该式中传热系数 $K_Q$ 和运行系数 $k$ 均是温度的函数，则该式表明传热量不仅与规格有关而且和温度有关。传热系数与温度成正比关系，运行系数则与温度为反比关系，亦与传热量 $Q_K$ 呈反比关系，因此，该式说明传热量是随温度的提高而提高的。

## 1.2  生产能力表达式

以传热量方程 $Q_K = K_Q L D_i^{1.5}\left(1 - k\dfrac{L}{D_i^{1.5}}\right)$ 为基础，仅需将传热量 $Q_K$ 及传热系数 $K_Q$ 除以形成单位熟料所需的传热量 $q_{cl}$，$\dfrac{K_Q}{q_{cl}} = K_G$、$\dfrac{Q_K}{q_{cl}} = G_K$ 即为生产能力表达式：

$$G_K = \frac{K_Q}{q_{cl}} L D_i^{1.5}\left(1 - k\frac{L}{D_i^{1.5}}\right) = K_G L D_i^{1.5}(1 - kM_K) \tag{9}$$

令 $(1 - kM_K) = \alpha$，称为修整系数，是对传热单元 $LD_i^{1.5}$ 能力的修正。$\alpha = f(M_K)$，即窑型模数对传热单元能力的修正，则

$$G_K = \alpha K_G L D_i^{1.5} \tag{10}$$

## 1.3  极限长度

窑筒体极限长度在理论上是当窑尾末端烟气与物料的温度差为零，窑筒体内

烟气热焓全部传给物料,即窑筒体的传热量 $Q_K$ 达到最大值 $(Q_K)_{max}$ 时所需要窑筒体的长度。

$$Q_K = K_Q LD_i^{1.5}\left(1 - k\frac{L}{D_i^{1.5}}\right) = K_Q(LD_i^{1.5} - kL^2)$$

其条件是:
$$\frac{\mathrm{d}Q_K}{\mathrm{d}L} = K_Q(D_i^{1.5} - 2kL) = 0$$

窑筒体极限长度:
$$L_{max} = \frac{D_i^{1.5}}{2k} \qquad (11)$$

## 1.4　最大传热量 $(Q_K)_{max}$

最大传热量是指窑筒体长度达到极限值时,烟气中热焓已全部传给了物料,因此最大传热量等于烟气的总热量 $Q_z$,即 $(Q_K)_{max} = Q_z$。

将 $L_{max} = \dfrac{D_i^{1.5}}{2k}$,代入式(8)

$$Q_z = (Q_K)_{max} = K_Q\frac{D_i^{1.5}}{2k}D_i^{1.5}\left(1 - k\frac{\frac{D_i^{1.5}}{2k}}{D_i^{1.5}}\right) = K_Q\frac{D_i^3}{2k}\left(1 - \frac{1}{2}\right) = \frac{K_Q}{4k}D_i^3 \quad (12)$$

## 1.5　窑筒体热利用系数 $U_K$

当窑筒体长度达到极大值时,即窑筒体传热量达到最大值时,说明烟气中热焓已全部传给了物料,从热利用角度是理想情况。但单位生产能力的投资过高,从经济角度并不合理,因此,在实际生产中烟气热焓有一个合理利用程度问题。其利用程度为实际传热量与最大传热量之比,称窑筒体热利用系数 $U_K$。

$$U_K = \frac{Q_K}{Q_z} = \frac{K_Q(LD_i^{1.5} - kL^2)}{\frac{K_Q}{4k}D_i^3} = 4kM_K - 4k^2M_K^2 = 1 - (1 - 2kM_K)^2 \quad (13)$$

上式表明窑筒体热利用系数 $U_K$ 是窑型模数 $M_K$ 的函数。

窑筒体热利用系数体现了窑筒体与预热系统界面的烟气温度,窑筒体与预热系统传热量的分配情况。

## 1.6　传热量系数 $K_Q$

传热量系数 $K_Q$ 是受燃料性能、操作条件等因素制约,可以用来衡量某具体窑的传热效能。

传热量系数 $K_Q = (T_{g0}^4 - T_{m0}^4)K_0'$，是温度的函数；是随气流初始温度 $T_{g0}$ 和相应的物料温度 $T_{m0}$ 之差提高而增大的。因此对于不同的窑型，在理论上应有所区别。

## 1.7 生产能力系数

$$K_G = \frac{K_Q}{q_{cl}} \qquad (14)$$

## 1.8 平均传热强度 $\left(\dfrac{Q_K}{LD_i^{1.5}}\right)_{av}$

由式(8') $Q_K = K_Q LD_i^{1.5}(1 - kM_K)$ 可得：

$$\left(\frac{Q_K}{LD_i^{1.5}}\right)_{av} = K_Q(1 - kM_K) \qquad (15)$$

当 $M_K \to 0$ 时，可得其上限：

$$\left(\frac{Q_K}{LD_i^{1.5}}\right)_{max} = \lim_{M_K \to 0}\left(\frac{Q_K}{LD_i^{1.5}}\right) = K_Q \qquad (16)$$

当窑筒体长度增加到极大时，$L_{max} = \dfrac{D_i^{1.5}}{2k}$，窑型模数 $M_K$ 也达到极大值 $\dfrac{1}{2k}$，代入式(8') $Q_K = K_Q LD_i^{1.5}(1 - kM_K)$ 可得其下限：

$$\left(\frac{Q_K}{LD_i^{1.5}}\right)_{min} = \frac{1}{2}K_Q \qquad (17)$$

其平均传热强度 $\dfrac{Q_K}{LD_i^{1.5}}$ 存在的范围为 $\dfrac{1}{2}K_Q \sim K_Q$，即

$$\frac{Q_K}{LD_i^{1.5}} \in \left[\frac{1}{2}K_Q, K_Q\right] \qquad (18)$$

从上述分析可知随着窑型模数增大，平均传热强度降低。

## 1.9 运行系数 $k$ 和生产能力系数 $K_G$

生产能力表达式(8)是否具有应用价值，取决于式子中的系数是否存在一稳定值。

运行系数是窑型模数的系数，其含义为窑型模数对平均传热强度的影响程度，可反映系统运行状态及窑内的温度场。

$k = \dfrac{2(\alpha T_{g0}^3 - \beta T_{m0}^3)}{T_{g0}^4 - T_{m0}^4}$，其分母 $(T_{g0}^4 - T_{m0}^4)$ 大于分子 $2(\alpha T_{g0}^3 - \beta T_{m0}^3)$，$k < 1$。

可以看出运行系数 $k$ 随气体温度的提高而下降。中空回转窑、预分解窑、预热器窑,由于热耗不同,单位熟料助燃空气量不同,则燃烧温度不同。因此对于不同的窑型,运行系数 $k$ 的取值在理论上也应有所区别。

$k$ 值的求取途径:

(1) 从生产窑统计资料中求取

根据式(8′),将生产能力系数代入有:

$$G_K = K_G L D_i^{1.5}(1 - k M_K) \tag{19}$$

$$\frac{G_K}{L D_i^{1.5}} = K_G - K_G k M_K$$

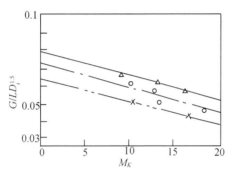

**图 2　$M_K$ 与 $G/LD_i^{1.5}$ 关系图**

在直角坐标图上,以 $M_K$ 为横坐标,以 $\dfrac{G_K}{LD^{1.5}}$ 为纵坐标,其轨迹为一条直线,纵坐标上截距为 $K_G$,斜率为 $K_G k$,即 $k$=斜率/纵坐标截距。

为了排除 $M_K$ 以外的其他因素(原燃料、操作条件等)的干扰,采用三个工厂中具有不同窑型模数的窑,通过作图求取(见图 2)。从图 2 中可以看出,这三个工厂各自有一条而且相互几乎平行的直线,其 $k$ 值也是比较接近其平均值约为 0.014。

(2) 从热工参数中求取

据式(13)$U_K = 1 - (1 - 2kM_K)^2$ 可得

$$k = \frac{1 - \sqrt{1 - U_K}}{2M_K}$$

$$U_K = \frac{q_z - q_f}{q_z} = 1 - \frac{q_f}{q_z}$$

$$k = \frac{1 - \sqrt{q_f/q_z}}{2M_K}$$

系统烟气总热量 $q_z$ 由熟料形成所需吸收热 $q_{cl}$ 和废气排走热 $q_f$ 构成。因熟料化学成分几乎是定值,则 $q_{cl}$ 也为定值,因此只需得到 $q_f$ 数值即可求取 $k$,其平均值与第(1)种方法非常接近。

生产能力系数的求取:

将运行系数 $k$ 代入式(19)$G_K = K_G L D_i^{1.5} (1-kM_K)$,

得

$$K_G = \frac{G_K}{L D_i^{1.5} (1-kM_K)}$$

从现有实际生产窑产量统计,当形成 1 kg 熟料所需吸收热 $q_{cl} = 4\ 181$ kJ/kg 时生产能力系数约 $K_G = 0.06$,则

$$K_Q = 4\ 181 \times 0.06 = 250$$

## 1.10  窑筒体出口烟气温度 $t_{kf}$

窑筒体出口烟气热焓 $q_{kf} = t_{kf} \cdot C_g \cdot V_{kf}$ 即为总热量不被窑筒体利用的热 $(1-U_K)q_z$,即

$$(1-U_K)q_z = q_{kf} = t_{kf} \cdot C_g \cdot V_{kf}$$

$$t_{kf} = \frac{q_z}{V_{kf}} \cdot \frac{1}{C_g}(1-U_K) = \frac{h_0}{C_g}(1-k \cdot M_K)^2 \tag{20}$$

式中:$C_g$——窑尾烟气比热容;

$V_{kf}$——窑尾烟气量;

$h_0$——窑尾单位烟气的起始热焓,即烟气总热量与烟气量之比,$h_0 = \frac{q_z}{V_{kf}}$。$h_0$

基本上是常量,该式可适用于各种干法窑。

当窑筒体内的 $M_K$ 为 $(M_K)_t$ 值时的温度即为窑筒体内该截面的烟气温度。

## 1.11  预热器窑入窑物料真实分解率 $(e_t)_{SP}$

熟料形成所需吸收的热 $q_{cl}$ 由窑筒体内传热量 $q_k$ 和预热器内传热量 $q_{ph}$ 构成,$q_{cl} = q_k + q_{ph}$。而 $q_{cl}$ 由常温生料预热到碳酸钙分解温度时的吸收热 $q_1$、碳酸盐分解热 $q_2$ 及分解后物料加热到烧结温度时所需热 $q_3$ 构成,即

$$q_{cl} = q_1 + q_2 + q_3$$

令:

$$a = q_1/q_{cl}; b = q_2/q_{cl}; c = q_3/q_{cl}$$

$$q_{cl} = (a+b+c)q_{cl}$$

预热器内传热量 $q_{ph}$ 为常温生料预热到碳酸钙分解温度时的吸收热 $q_1$ 和部分

碳酸钙分解热 $q_2\ (e_t)_{SP}$，则

$$q_{ph} = q_1 + q_2\ (e_t)_{SP} = [a + b\ (e_t)_{SP}]q_{cl}$$

又

$$q_{ph} = q_{cl} - q_k = q_{cl} - q_z U_K$$

$$[a + b\ (e_t)_{SP}]q_{cl} = q_{cl} - q_z U_K$$

$$[a + b\ (e_t)_{SP}] = 1 - \frac{q_z}{q_{cl}}U_K$$

$$(e_t)_{SP} = \frac{1 - a - (q_z/q_{cl})U_K}{b} \tag{21}$$

$$q_z = q_{cl}/U$$

$$(e_t)_{SP} = \frac{1 - a - U_K/U}{b} \tag{21'}$$

$$U_K = 1 - (1 - 2kM_K)^2$$

已如上述窑筒体热利用系数 $U_K$ 是窑型模数 $M_K$ 的函数，则预热器窑入窑物料真实分解率 $(e_t)_{SP}$ 是窑型模数 $M_K$ 的函数。

上文中 $q_z$ 为系统总热量，等于 $q_{cl}$ 与预热器出口废气热 $q_f$ 之和，即

$$q_z = q_{cl} + q_f$$

## 1.12　预分解窑窑筒体燃料比 $r$

对于预热器窑：　　$(q_k)_{SP}/q_{cl} = 1 - a - b\ (e_t)_{SP}$

对于预分解窑：　　$(q_k)_{NSP}/q_{cl} = 1 - a - b\ (e_t)_{NSP}$

预分解窑的回转窑筒体燃料比为 $r$ 时，有

$$(q_k)_{NSP}/q_{cl} = r\ (q_k)_{SP}/q_{cl}$$

因此有　　　　$1 - a - b\ (e_t)_{NSP} = r[1 - a - b\ (e_t)_{SP}]$

回转窑筒体燃料比 $r$：

$$r = \frac{1 - a - b\ (e_t)_{NSP}}{1 - a - b\ (e_t)_{SP}} \tag{22}$$

$$(e_t)_{SP} = \frac{1 - a - U_K/U}{b}$$

$$U_K = 1 - (1 - 2kM_K)^2 \qquad r = \frac{1 - a - b(e_t)_{NSP}}{1 - (1 - 2kM_K)^2}U \tag{22'}$$

上列式子表明回转窑筒体燃料比 $r$ 为窑型模数 $M_K$ 的函数。

### 1.13 预分解窑入窑物料真实分解率

$$[1-a-b(e_t)_{SP}]r = 1-a-b(e_t)_{NSP}$$

$$(e_t)_{NSP} = \frac{(1-a)-[1-a-b(e_t)_{SP}]r}{b} = \frac{(1-a)(1-r)}{b} + r(e_t)_{SP} \quad (23)$$

### 1.14 窑型模数 $M_K$

$$M_K = \frac{L}{D_i^{1.5}} = \frac{LD_i^{1.5}}{D_i^3} \quad (24)$$

窑型模数是回转窑筒体的几何传热能力与发热几何能力之比,是两者的统一,具有"相似"品质。它科学地体现了窑的"长短度",在各参数中起到主导作用。回转窑筒体的几个热力参数,如生产能力、平均传热强度$\dfrac{Q_K}{LD_i^{1.5}}$、窑热利用系数 $U_K$、燃料比 $r$ 及入窑物料分解率等均是它的函数,尤其是窑筒体与预热系统之间烟气温度 $t_{kf}$。即它涵盖了诸多参数,说明它是一个重要参数,可作为系列化的标志。

## 2 预分解窑相对于全系统热利用系数 $(U_K)_Z$

对于 NSP 窑,进入窑筒体内燃料热量为 $r \cdot q_z$,由于助燃空气热正比于燃料热,则 $r$ 又是系统总热 $q_z$ 在窑筒体中的比例,其余 $(1-r)q_z$ 的热量是直接送入分解炉,这时窑热利用系数对于全系统而言,窑热利用系数 $(U_K)_z$ 可用下式表达:

$$(U_K)_z = \frac{q_z - q'_{kf}}{q_z} = \frac{q_z - [q_{kf} + (1-r)q_z]}{q_z}$$

$$= 1 - \frac{q_{kf}}{q_z} - 1 - r = r(1 - \frac{q_{kf}}{rq_z}) = rU_K \quad (25)$$

## 3 系统模数 $M$、系统热利用系数 $U$

对于具有预热设备的窑,就整个系统来言,同样有传热几何能力(包括窑筒体和预热设备)与发热几何能力的适应问题和热利用程度问题,即全系统也存在一个系统模数 $M$ 和系统热利用系数 $U$,它体现了系统的热经济性,它们之间存在着类似的函数关系。

系统模数:

$$M = \frac{1-\sqrt{1-U}}{2k} \quad (26)$$

系统热利用系数：

$$U = 1 - \frac{q_{phf}}{q_z} \tag{27}$$

式中 $q_{phf}$ 为预热器出口烟气热量。

## 4　结语

（1）回转窑传热式 $Q_K = K_Q L D_i^{1.5}(1-kM_K)$ 中包含热力过程的因素，借此可进一步分析回转窑筒体的热力特性，建立其系列的数学模型。

（2）在 $Q_K = K_Q L D_i^{1.5}(1-kM_K)$ 式的基础上，进一步导出一组热力参数方程以揭示各热力参数间互为函数的关系。

（3）窑型模数、窑热利用系数、平均传热强度是回转窑筒体的重要参数，可作为评价回转窑性能的依据。后二者和窑筒体出口烟气温度均是窑型模数的函数。

（4）对于具有预热设备的窑，从传热功能来讲，预热设备实质上是窑筒体的延伸，则模数、热利用系数等概念可引伸到整个系统，且它们之间存在着同样的函数关系。系统模数、系统热利用系数同样可以作为评价系统性能的依据。

（5）生产能力正比于系统热利用系数，系统热利用系数是预热器级数配置的依据。

（6）$q_{cl}$ 和 $q_k$ 是热力参数中的重要指标。应用 $q_k$ 的概念即可运算各种干法窑的产量。降低 $\dfrac{q_k}{q_{cl}}$ 是提高产量、降低热耗的重要途径。

（7）由于 $q_k$ 与 $r$ 呈直线关系，因而降低窑的燃料比 $r$，是提高生产能力的重要手段。

（8）所推导的一系列运算式，可以逆向运用。根据产量要求，只要科学地确定系统的热利用系数 $U$、窑热利用系数 $U_K$、窑内物料传热量 $q_k$、燃料比 $r$ 等，就可设计窑的规格。

**附录：形成单位熟料吸热 $q_{cl}$**

1　基准 1 kg 熟料

2　设定条件

## 2.1 熟料化学组分百分数(%)

| $SiO_2$ | $Al_2O_3$ | $Fe_2O_3$ | CaO | MgO | $C_4AF$ | $C_3A$ | $C_2S$ | $C_3S$ |
|---|---|---|---|---|---|---|---|---|
| 22.82 | 1.81 | 2.73 | 67.25 | 0.92 | 8.4 | 11.89 | 23.82 | 55.14 |

## 2.2 熟料化学、矿物组分摩尔数(mol)

| $SiO_2$ | $Al_2O_3$ | $Fe_2O_3$ | CaO | MgO | $C_4AF$ | $C_3A$ | $C_2S$ | $C_3S$ |
|---|---|---|---|---|---|---|---|---|
| 3.798 | 0.175 | 0.173 | 11.992 | 0.288 | 0.173 | 0.44 | 1.414 | 2.384 |

## 2.3 生料矿物组分摩尔数(mol)

| $CaCO_3$ | $MgCO_3$ | $Fe_2O_3$ | $AS_2H_2$ | 石英 | 结合水 | $CO_2$ |
|---|---|---|---|---|---|---|
| 11.992 | 0.288 | 0.173 | 0.613 | 2.572 | 1.226 | 12.22 |

## 2.4 生料温度70℃(343 K)
## 2.5 反应温度(K)

| $AS_2H_2$ | $CaCO_3$ | $MgCO_3$ | $C_4AF$ | $C_3A$ | $C_2S$ | $C_3S$ |
|---|---|---|---|---|---|---|
| 裂解 | 分解 | 分解 | 生成 | 生成 | 生成 | 生成 |
| 723 | 1 123 | 923 | 1 473 | 1 473 | 1 473 | 1 723 |

## 3 熟料煅烧热效应

设生料温度为70℃,熟料烧结温度1 450℃(1 723 K)。

$q_{cl}$形成单位熟料需要传给物料的热量,可分解成三部分组成:

$$q_{cl}=q_1+q_2+q_3$$

式中:$q_1$——从喂入生料预热到碳酸钙分解温度时所需热量,包括碳酸镁分解热、高岭土脱水热;

$q_2$——碳酸钙分解热;

$q_3$——分解后物料加热到烧成温度所需热。

符号说明:

$\Delta q_m$——摩尔化学反应热;

$m$——矿物摩尔数;

$\Delta q$——化学反应热,$\Delta q=m\Delta q_m$;

$\Delta h_f^0$——标准生成焓;

$C_m$——真实摩尔热容。

(1) $q_1$:生料由70℃(343 K)预热至碳酸钙分解温度850℃(1 123 K)吸热量。

(1.1) 高岭土 $AS_2H_2$ 由 343 K 预热至 723 K 吸热 $\Delta q(AS_2H_2)$（343 K→723 K）

$$\Delta q_m(AS_2H_2) = \int_{343}^{723} C_m dT$$

$$= \int_{343}^{723}(7.717 \times 10^{-3} + 1\,133.423 \times 10^{-6}T - 1\,258.684 \times 10^{-9}T^2 + 430.718 \times 10^{-12}T^3)dT$$

$$= [7.717 \times 10^{-3}T + 566.712 \times 10^{-6}T^2 - 419.561 \times 10^{-9}T^3 + 107.68 \times 10^{-12}]_{343}^{723}$$

$$= 2.932 + 229.564 - 141.635 + 27.933 = 118.8(\text{kJ} \cdot \text{mol}^{-1})$$

$$\Delta q(AS_2H_2) = m\Delta q_m = 0.613 \times 118.8 = 72.824\,(\text{kJ})$$

(1.2) $AS_2H_2$ 裂解吸热 $q_m(AS_2H_2)$

$$AS_2H_2 \Longrightarrow Al_2O_3 + 2SiO_2 + 2H_2O$$

$$q_m(AS_2H_2) = (\Delta q_m + \Delta h_f^0)(Al_2O_3) + 2(\Delta q_m + \Delta h_f^0)(SiO_2) + 2(\Delta q_m + \Delta h_f^0)(H_2O) - (\Delta q_m + \Delta h_f^0)(AS_2H_2)$$

$$\Delta h_f^0(Al_2O_3) = (-1\,668.2)\text{kJ} \cdot \text{mol}^{-1}$$

$$\Delta h_f^0(SiO_2) = (-858.6)\text{kJ} \cdot \text{mol}^{-1}$$

$$\Delta h_f^0(H_2O) = (-241.8)\text{kJ} \cdot \text{mol}^{-1}$$

$$\Delta h_f^0(AS_2H_2) = (-4\,026.6)\text{kJ} \cdot \text{mol}^{-1}$$

(1.2.1) $\Delta q_m(Al_2O_3) = \int_{298}^{723} C_{pm} dT$

$$= \int_{298}^{723}(38.513 \times 10^{-3} + 207.497 \times 10^{-6}T - 173.387 \times 10^{-9}T^2 + 51.519 \times 10^{-12}T^3)dT$$

$$= [38.513 \times 10^{-3}T + 103.749 \times 10^{-6}T^2 - 57.796 \times 10^{-9}T^3 + 12.88 \times 10^{-12}T^4]_{298}^{723}$$

$$= 16.368 + 45.019 - 21.79 + 3.418 = 43.015(\text{kJ} \cdot \text{mol}^{-1})$$

(1.2.2) $\Delta q_m(SiO_2) = \int_{298}^{723} C_{pm} dT$

$$= \int_{298}^{723}(-4.858 \times 10^{-3} + 216.093 \times 10^{-6}T - 194.129 \times 10^{-9}T^2 + 55.634 \times 10^{-12}T^3)dT$$

$$= [-4.858 \times 10^{-3}T + 108.047 \times 10^{-6}T^2 - 64.71 \times 10^{-9}T^3 + 13.909 \times 10^{-12}T^4]_{298}^{723}$$

$$= -2.065 + 46.884 - 22.744 + 3.691 = 25.766(\text{kJ} \cdot \text{mol}^{-1})$$

$(1.2.3)$ $\Delta q_m(\mathrm{AS_2H_2}) = \int_{298}^{723} C_m \mathrm{d}T$

$= \int_{298}^{723}(7.717\times10^{-3}+1133.423\times10^{-6}T-1258.684\times10^{-9}T^2+430.718\times10^{-12}T^3)\mathrm{d}T = [7.717\times10^{-3}T+566.712\times10^{-6}T^2-419.561\times10^{-9}T^3+107.68\times10^{-12}T^4]_{298}^{723}$

$= 3.28+245.911-147.463+28.574 = 130.302(\mathrm{kJ\cdot mol^{-1}})$

$(1.2.4)$ $\Delta q_m(\mathrm{H_2O})(298\ \mathrm{K}\to723\ \mathrm{K}) = \int_{298}^{723} C_{pm}\mathrm{d}T$

$= \int_{298}^{723}(31.982\times10^{-3}+6.936\times10^{-6}T-1.419\times10^{-9}T^2+5.328\times10^{-12}T^3-1.96\times10^{-15}T^4)\mathrm{d}T$

$= [31.982\times10^{-3}T+3.468\times10^{-6}T^2-0.473\times10^{-9}T^3+1.332\times10^{-12}T^4-0.386\times10^{-15}T^5]_{298}^{723}$

$= 13.592+1.505-0.166+0.353-0.075 = 15.209(\mathrm{kJ\cdot mol^{-1}})$

$q_m(\mathrm{AS_2H_2})(723\ \mathrm{K}) = (43.015-1\ 668.2)+2(25.766-858.6)+2(15.209-241.8)-(130.302-4\ 026.6)$

$= 152.263(\mathrm{kJ\cdot mol^{-1}})$

$\mathrm{AS_2H_2}$ 裂解吸热 $q(\mathrm{AS_2H_2}) = mq_m = 0.613\times152.263 = 93.337(\mathrm{kJ})$

$(1.3)$ $\mathrm{AS_2H_2}$ 裂解出 $\mathrm{Al_2O_3}$ 由 $723\ \mathrm{K}$ 预热至 $1\ 123\ \mathrm{K}$ 吸热 $\Delta q_m(\mathrm{Al_2O_3})$

$\Delta q_m(\mathrm{Al_2O_3}) = \int_{723}^{1\ 123}(38.531\times10^{-3}+207.497\times10^{-6}T-173.387\times10^{-9}T^2+51.519\times10^{-12}T^3)\mathrm{d}T$

$= [38.531\times10^{-3}T+103.749\times10^{-6}T^2-57.796\times10^{-9}T^3+12.880\times10^{-12}T^4]_{723}^{1\ 123}$

$= 15.415+76.608-60.01+16.966 = 48.979(\mathrm{kJ\cdot mol^{-1}})$

$\Delta q(\mathrm{Al_2O_3}) = m\Delta q_m = 0.175\times48.979 = 8.571(\mathrm{kJ})$

$(1.4)$ $\mathrm{AS_2H_2}$ 裂解出 $\mathrm{SiO_2}$ 由 $723\ \mathrm{K}$ 加热至 $1\ 123\ \mathrm{K}$ 吸热 $\Delta q(\mathrm{SiO_2})(723\ \mathrm{K}\to 1\ 123\ \mathrm{K})$

$\Delta q_m(\mathrm{SiO_2})(723\ \mathrm{K}\to1\ 123\ \mathrm{K}) = \int_{723}^{1\ 123}(-4.858\times10^{-3}+216.093\times10^{-6}T-194.129\times10^{-9}T^2+55.634\times10^{-12}T^3)\mathrm{d}T$

$= [-4.858\times10^{-3}T+108.047\times10^{-6}T^2-64.71\times10^{-9}T^3+13.909\times10^{-12}T^4]_{723}^{1\ 123}$

$= -1.943+79.78-67.189+18.32 = 28.969(\mathrm{kJ\cdot mol^{-1}})$

$\Delta q(\mathrm{SiO_2})(723\ \mathrm{K}\to1\ 123\ \mathrm{K}) = m\Delta q_m = 2\times0.613\times28.969 = 35.515(\mathrm{kJ})$

(1.5) $AS_2H_2$ 裂解出 $H_2O$ 由 723 K 加热至 1 123 K 吸热 $\Delta q(H_2O)(723\ K \rightarrow 1\ 123\ K)$

$$\Delta q_m(H_2O)(723\ K \rightarrow 1\ 133\ K) = \int_{723}^{1\ 123} C_{pm}\mathrm{d}T$$

$$= \int_{298}^{723}(31.982 \times 10^{-3} + 6.936 \times 10^{-6}T - 1.419 \times 10^{-9}T^2 + 5.328 \times 10^{-12}T^3 - 1.96 \times 10^{-15}T^4)\mathrm{d}T$$

$$= [31.982 \times 10^{-3}T + 3.468 \times 10^{-6}T^2 - 0.473 \times 10^{-9}T^3 + 1.332 \times 10^{-12}T^4 - 0.386 \times 10^{-15}T^5]_{723}^{1\ 123}$$

$$= 12.793 + 2.56 - 0.491 + 1.755 - 0.613 = 16(\mathrm{kJ \cdot mol^{-1}})$$

$$\Delta q = m\Delta q_m = 2 \times 0.613 \times 16 = 19.62(\mathrm{kJ})$$

(1.6) $CaCO_3$ 由 343 K 加热至 1 123 K 吸热 $\Delta q(CaCO_3)(343\ K \rightarrow 1\ 123\ K)$

$$\Delta q_m(CaCO_3) = \int_{343}^{1\ 123} C_{pm}\mathrm{d}T$$

$$= \int_{343}^{1\ 123}(20.35 \times 10^{-3} + 275.237 \times 10^{-6}T - 243.24 \times 10^{-9}T^2 + 66.311 \times 10^{-12}T^3)\mathrm{d}T$$

$$= [20.35 \times 10^{-3}T + 137.619 \times 10^{-6}T^2 - 80.18 \times 10^{-9}T^3 + 16.578 \times 10^{-12}T^4]_{343}^{1\ 123}$$

$$= 15.873 + 157.365 - 111.558 + 26.14 = 87.82(\mathrm{kJ \cdot mol^{-1}})$$

$$\Delta q = m \cdot \Delta q_m = 11.992 \times 87.82 = 1\ 053.137(\mathrm{kJ})$$

(1.7) $MgCO_3$ 由 343 K 加热至 923 K 吸热 $\Delta q(MgCO_3)(343\ K \rightarrow 923\ K)$

$$\Delta q_m(MgCO_3) = \int_{343}^{923} C_m\mathrm{d}T$$

$$= \int_{343}^{923}(-21.624 \times 10^{-3} + 527.644 \times 10^{-6}T - 661.422 \times 10^{-9}T^2 + 284.458 \times 10^{-12}T^3)\mathrm{d}T$$

$$= [-21.624 \times 10^{-3}T + 263.822 \times 10^{-6}T^2 - 220.474 \times 10^{-9}T^3 + 71.115 \times 10^{-12}T^4]_{343}^{923} = -12.542 + 193.719 - 164.469 + 50.63 = 67.338(\mathrm{kJ \cdot mol^{-1}})$$

$$\Delta q = m\Delta q_m = 0.288 \times 67.338 = 19.4(\mathrm{kJ})$$

(1.8) $MgCO_3$(923 K) 分解热 $q(MgCO_3)(923\ K)$

$$MgCO_3 \Longrightarrow MgO + CO_2$$

$$q_m(MgCO_3)(923\ K) = (\Delta q_m + \Delta h_f^0)(MgO) + (\Delta q_m + \Delta h_f^0)(CO_2) - (\Delta q_m + \Delta h_f^0)(MgCO_3)$$

$$\Delta h_f^0(MgCO_3) = (-1\ 113.689)\mathrm{kJ \cdot mol^{-1}}$$

$$\Delta h_f^0(MgO) = (-602.229)\mathrm{kJ \cdot mol^{-1}},\ \Delta h_f^0(CO_2) = (-393.14)\mathrm{kJ \cdot mol^{-1}}$$

$$\Delta q_m(\mathrm{MgCO_3})(298\ \mathrm{K} \to 923\ \mathrm{K}) = \int_{298}^{923} C_{pm}\mathrm{d}T$$

$$= \int_{298}^{923}(-21.624 \times 10^{-3} + 527.644 \times 10^{-6}T - 661.422 \times 10^{-9}T^2 + 284.458 \times 10^{-12}T^3)\mathrm{d}T$$

$$= [-21.624 \times 10^{-2}T + 263.822 \times 10^{-6}T^2 - 220.474 \times 10^{-9}T^3 + 71.115 \times 10^{-12}T^4]_{298}^{923}$$

$$= -13.515 + 201.329 - 167.53 + 51.053 = 71.337(\mathrm{kJ \cdot mol^{-1}})$$

$$\Delta q_m(\mathrm{MgO})(298\ \mathrm{K} \to 923\ \mathrm{K}) = \int_{298}^{923} C_{pm}\mathrm{d}T$$

$$= \int_{298}^{923}(30.755 \times 10^{-3} + 29.324 \times 10^{-6}T - 9.615 \times 10^{-9}T^2 + 0.691 \times 10^{-12}T^3)\mathrm{d}T$$

$$= [30.755 \times 10^{-3}T + 14.662 \times 10^{-6}T^2 - 3.205 \times 10^{-9}T^3 + 0.173 \times 10^{-12}T^4]_{298}^{923}$$

$$= 19.222 + 11.189 - 2.435 + 0.124 = 28.1(\mathrm{kJ \cdot mol^{-1}})$$

$$\Delta q_m(\mathrm{CO_2})(298\ \mathrm{K} \to 923\ \mathrm{K}) = \int_{298}^{923}(24.07 \times 10^{-3} + 54.888 \times 10^{-6}T - 31.84 \times 10^{-9}T^2 + 7.824 \times 10^{-12}T^3 - 0.55 \times 10^{-15}T^4)\mathrm{d}T$$

$$= [24.07 \times 10^{-3}T + 27.444 \times 10^{-6}T^2 - 10.613 \times 10^{-9}T^3 + 1.961 \times 10^{-12}T^4 - 0.11 \times 10^{-15}T^5]_{298}^{923}$$

$$= 15.044 + 20.943 - 8.064 + 1.408 - 0.073 = 29.258(\mathrm{kJ \cdot mol^{-1}})$$

$$q_m(\mathrm{MgCO_3}) = (\Delta h_m + \Delta h_f^0)(\mathrm{MgO}) + (\Delta h_m + \Delta h_f^0)(\mathrm{CO_2}) - (\Delta h_m + \Delta h_f^0)(\mathrm{MgCO_3}) = (28.1 - 602.229) + (29.258 - 393.14) - (71.337 - 1\,113.689) = 104.341(\mathrm{kJ \cdot mol^{-1}})$$

$$q(\mathrm{MgCO_3})(923\ \mathrm{K}) = mq_m = 0.288 \times 104.341 = 30.05(\mathrm{kJ})$$

(1.9) 石英 $\mathrm{SiO_2'}$ 由 343 K 预热至 1 123 K 吸热 $\Delta q(\mathrm{SiO_2'})(343\ \mathrm{K} \to 1\ 123\ \mathrm{K})$

$$\Delta q_m(\mathrm{SiO_2'})(343\ \mathrm{K} \to 1\ 123\ \mathrm{K}) = \int_{343}^{1\,123}(-4.858 \times 10^{-3} + 216.093 \times 10^{-6}T - 194.129 \times 10^{-9}T^2 + 55.634 \times 10^{-12}T^3)\mathrm{d}T$$

$$= [-4.858 \times 10^{-3}T + 108.047 \times 10^{-6}T^2 - 64.71 \times 10^{-9}T^3 + 13.909 \times 10^{-12}T^4]_{343}^{1\,123}$$

$$= -3.789 + 123.55 - 89.034 + 21.929 = 52.656(\mathrm{kJ \cdot mol^{-1}})$$

$$\Delta q(\mathrm{SiO_2'})(343\ \mathrm{K} \to 1\ 123\ \mathrm{K}) = m\Delta q_m = 2.572 \times 52.656 = 135.431(\mathrm{kJ})$$

(1.10) $\mathrm{MgCO_3}$ 分解出 MgO 由 923 K 预热至 1 123 K 吸热 $\Delta q(\mathrm{MgO})(923\ \mathrm{K} \to 1\ 123\ \mathrm{K})$

$$\Delta q_m(\text{MgO})(923\ \text{K} \rightarrow 1\ 123\ \text{K}) = \int_{923}^{1\ 123} C_{pm}\mathrm{d}T$$

$$= \int_{923}^{1\ 123}(30.755 \times 10^{-3} + 29.324 \times 10^{-6}T - 9.615 \times 10^{-9}T^2 + 0.691$$
$$\times 10^{-12}T^3)\mathrm{d}T$$

$$= [30.755 \times 10^{-3}T + 14.662 \times 10^{-6}T^2 - 3.205 \times 10^{-9}T^3 + 0.173$$
$$\times 10^{-12}T^4]_{923}^{1\ 123}$$

$$= 6.151 + 6.0 - 1.405 + 0.15 = 10.896(\text{kJ} \cdot \text{mol}^{-1})$$

$$\Delta q(\text{MgO})(923\ \text{K} \rightarrow 1\ 123\ \text{K}) = m\Delta q_m = 0.288 \times 10.896 = 3.138(\text{kJ})$$

$q_1 = \Delta q(\text{AS}_2\text{H}_2)(343\ \text{K} \rightarrow 723\ \text{K}) + q(\text{AS}_2\text{H}_2) + \Delta q(\text{CaCO}_3)(343\ \text{K} \rightarrow 1\ 123$
　　K$) + \Delta q(\text{MgCO}_3)(343\ \text{K} \rightarrow 923\ \text{K}) + q(\text{MgCO}_3)(923\ \text{K}) +$
　　$\Delta q(\text{Al}_2\text{O}_3)(723\ \text{K} \rightarrow 1\ 123\ \text{K}) + \Delta q(\text{SiO}_2)(723\ \text{K} \rightarrow 1\ 123\ \text{K}) +$
　　$\Delta q(\text{SiO}_2')(343\ \text{K} \rightarrow 1\ 123\ \text{K}) + \Delta q(\text{MgO})(923\ \text{K} \rightarrow 1\ 123\ \text{K})$

　　$= 72.824 + 93.337 + 1\ 053.137 + 19.4 + 30.05 + 8.571 + 35.515 + 135.431 +$
　　$3.138 = 1\ 452(\text{kJ})$

(2) $q_2 = q(\text{CaCO}_3)(1\ 123\ \text{K})\text{CaCO}_3$ 分解热

$$\text{CaCO}_3 =\!=\!= \text{CaO} + \text{CO}_2$$

$$q_m = (\Delta q_m + \Delta h_f^0)(\text{CaO}) + (\Delta q_m + \Delta h_f^0)(\text{CO}_2) - (\Delta q_m + \Delta h_f^0)(\text{CaCO}_3)$$

$$\Delta h_f^0(\text{CaO}) = (-634.1)\text{kJ} \cdot \text{mol}^{-1}$$

$$\Delta h_f^0(\text{CO}_2) = (-393.14)\text{kJ} \cdot \text{mol}^{-1}$$

$$\Delta h_f^0(\text{CaCO}_3) = (-1\ 205.72)\text{kJ} \cdot \text{mol}^{-1}$$

$$q_m(\text{CaCO}_3) = (-634.1) + (-393.14) - (-1205.72) = 178.48(\text{kJ} \cdot \text{mol}^{-1})$$

$$q(\text{CaCO}_3) = mq_m = 11.992 \times 178.48 = 2\ 140(\text{kJ})$$

(3) $q_3$

(3.1) $\text{AS}_2\text{H}_2$ 裂解出 $\text{SiO}_2$ 由 1 123 K 预热至 1 723 K 吸热 $\Delta h(\text{SiO}_2)(1\ 123\ \text{K}$
$\rightarrow 1\ 723\ \text{K})$

$$\Delta q_m(\text{SiO}_2)(1\ 123\ \text{K} \rightarrow 1\ 723\ \text{K}) = \int_{1\ 123}^{1\ 723}(-4.858 \times 10^{-3} + 216.093 \times 10^{-6}T -$$

$$194.129 \times 10^{-9}T^2 + 55.634 \times 10^{-12}T^3)\mathrm{d}T$$

$$= [-4.858 \times 10^{-3}T + 108.047 \times 10^{-6}T^2 - 64.71 \times 10^{-9}T^3 + 13.909$$
$$\times 10^{-12}T^4]_{1\ 123}^{1\ 723}$$

$$= -2.915 + 184.501 - 239.354 + 100.463 = 42.695(\text{kJ} \cdot \text{mol}^{-1})$$

$$\Delta q(\text{SiO}_2)(1\ 123\ \text{K} \rightarrow 1\ 723\ \text{K}) = m\Delta q_m = 2 \times 0.613 \times 42.695 = 52.344(\text{kJ})$$

(3.2) CaO 由 1 123 K 加热至 1 723 K 吸热 $\Delta q(\text{CaO})(1\ 123\ \text{K} \rightarrow 1\ 723\ \text{K})$

$$q_m(\text{CaO})(1\ 123\ \text{K} \rightarrow 1\ 723\ \text{K}) = \int_{1\ 123}^{1\ 723} C_{pm}\mathrm{d}T$$

$$= \int_{1\ 123}^{1\ 723}(30.579 \times 10^{-3} + 58.48 \times 10^{-6}T - 53.928 \times 10^{-9}T^2 + 16.764$$
$$\times 10^{-12}T^3)\mathrm{d}T$$

$$= [30.579 \times 10^{-3}T + 29.24 \times 10^{-6}T^2 - 17.976 \times 10^{-9}T^3 + 4.191$$
$$\times 10^{-12}T^4]_{1\ 123}^{1\ 723}$$

$$= 18.347 + 49.93 - 66.49 + 30.271 = 32.058(\text{kJ} \cdot \text{mol}^{-1})$$

$$\Delta q(\text{CaO})(1\ 123\ \text{K} \rightarrow 1\ 723\ \text{K}) = m\Delta q_m = 11.992 \times 32.058 = 384.44(\text{kJ})$$

(3.3) 石英 $\text{SiO}_2'$ 由 1 123 K 加热至 1 723 K 吸热 $\Delta h(\text{SiO}_2')(1\ 123\ \text{K} \rightarrow 1\ 723\ \text{K})$

$$\Delta q_m(\text{SiO}_2')(1\ 123\ \text{K} \rightarrow 1\ 723\ \text{K}) = \int_{1\ 123}^{1\ 723}(-4.858 \times 10^{-3} + 216.093 \times 10^{-6}T$$
$$- 194.129 \times 10^{-9}T^2 + 55.634 \times 10^{-12}T^3)\mathrm{d}T$$

$$= [-4.858 \times 10^{-3}T + 108.047 \times 10^{-6}T^2 - 64.71 \times 10^{-9}T^3 + 13.909$$
$$\times 10^{-12}T^4]_{1\ 123}^{1\ 723}$$

$$= -2.915 + 184.501 - 239.354 + 100.463 = 42.695(\text{kJ} \cdot \text{mol}^{-1})$$

$$\Delta q(\text{SiO}_2')(1\ 123\ \text{K} \rightarrow 1\ 723\ \text{K}) = m\Delta q_m = 2.572 \times 42.695 = 109.811(\text{kJ})$$

(3.4) $\text{AS}_2\text{H}_2$ 裂解产生 $\text{Al}_2\text{O}_3$ 由 1 123 K 加热至 1 723 K,吸热 $\Delta q(\text{Al}_2\text{O}_3)$ $(1\ 123\ \text{K} \rightarrow 1\ 723\ \text{K})$

$$\Delta q_m(\text{Al}_2\text{O}_3)(1\ 123\ \text{K} \rightarrow 1\ 723\ \text{K}) = \int_{1\ 123}^{1\ 723}(38.531 \times 10^{-3} + 207.497 \times 10^{-6}T$$
$$- 173.387 \times 10^{-9}T^2 + 51.519 \times 10^{-12}T^3)\mathrm{d}T$$

$$= [38.531 \times 10^{-3}T + 103.749 \times 10^{-6}T^2 - 57.796 \times 10^{-9}T^3 + 12.88$$
$$\times 10^{-12}T^4]_{1\ 123}^{1\ 723}$$

$$= 23.119 + 177.162 - 213.78 + 93.031 = 79.532(\text{kJ} \cdot \text{mol}^{-1})$$

$$\Delta q(\text{Al}_2\text{O}_3)(1\ 123\ \text{K} \rightarrow 1\ 723\ \text{K}) = m\Delta q_m = 0.175 \times 79.532 = 13.918(\text{kJ})$$

(3.5) $\text{Fe}_2\text{O}_3$ 由 1 123 K 加热至 1 723 K 吸热 $\Delta q(\text{Fe}_2\text{O}_3)(1\ 123\ \text{K} \rightarrow 1\ 723\ \text{K})$

$$\Delta q_m(\text{Fe}_2\text{O}_3)(1\ 123\ \text{K} \rightarrow 1\ 723\ \text{K}) = \int_{1\ 123}^{1\ 723} C_{pm}\mathrm{d}T$$

$$= \int_{1\ 123}^{1\ 723}(61.101 \times 10^{-3} + 158.28 \times 10^{-6}T - 53.111 \times 10^{-9}T^2 + 0.462$$
$$\times 10^{-12}T^3)\mathrm{d}T$$

$$= [61.101 \times 10^{-3}T + 79.14 \times 10^{-6}T^2 - 17.704 \times 10^{-9}T^3 + 0.116$$
$$\times 10^{-12}T^4]_{1\ 123}^{1\ 723}$$

$$= 36.66 + 135.139 - 65.485 + 0.838 = 107.152(\text{kJ} \cdot \text{mol}^{-1})$$

$$\Delta q(\text{Fe}_2\text{O}_3)(1\ 123\ \text{K} \rightarrow 1\ 723\ \text{K}) = m\Delta q_m = 0.173 \times 107.152 = 18.537(\text{kJ})$$

(3.6)$MgCO_3$ 分解出 MgO 由 1 123 K 加热至 1 723 K 吸热 $\Delta q(MgO)$(1 123 K → 1 723 K)

$$\Delta q_m(MgO)(1\ 123\ K \to 1\ 723\ K) = \int_{1\ 123}^{1\ 723} C_{pm} dT$$

$$= \int_{1\ 123}^{1\ 723} (30.755 \times 10^{-3} + 29.324 \times 10^{-6} T - 9.615 \times 10^{-9} T^2 + 0.691 \times 10^{-12} T^3) dT$$

$$= [30.755 \times 10^{-3} T + 14.662 \times 10^{-6} T^2 - 3.205 \times 10^{-9} T^3 + 0.173 \times 10^{-12} T^4]_{1\ 123}^{1\ 723}$$

$$= 18.453 + 25.037 - 11.855 + 1.25 = 32.885 (kJ \cdot mol^{-1})$$

$$\Delta q(MgO)(1\ 123\ K \to 1\ 723\ K) = m\Delta q_m = 0.288 \times 32.885 = 9.47 (kJ)$$

$q_3 = \Delta q(SiO_2)(1\ 123\ K \to 1\ 723\ K) + \Delta q(CaO)(1\ 123\ K \to 1\ 723\ K) + \Delta q(SiO_2')(1\ 123\ K \to 1\ 723\ K) + \Delta q(Al_2O_3)(1\ 123\ K \to 1\ 723\ K) + \Delta q(Fe_2O_3)(1\ 123\ K \to 1\ 723\ K) + \Delta q(MgO)(1\ 123\ K \to 1\ 723\ K)$

$$= 52.344 + 384.44 + 109.811 + 13.918 + 18.537 + 9.47 = 589 (kJ)$$

$$q_{cl} = q_1 + q_2 + q_3 = 1452 + 2140 + 589 = 4\ 181 (kJ)$$

$$a = 1\ 452/4\ 181 = 0.347$$

$$b = 2\ 140/4\ 181 = 0.512$$

$$c = 589/4\ 181 = 0.141$$

# 旋风预热与预分解窑的热力特性及生产能力 *

**摘要**：根据《水泥回转窑热力参数方程》一文中提出的新概念,分析旋风预热器与预分解窑的特性及生产能力,得出预热器窑的生产能力与窑筒体的长度无关,发热能力是控制因素;预分解窑的分解炉能力是关键,窑筒体的传热能力是控制因素。举例计算并对不同规格窑的生产能力进行分析讨论。

**关键词**：预热器窑;预分解窑;生产能力

## 0　前言

　　预热器窑的一个重要特点是由回转窑筒体与预热系统(包括预分解)共同承担传热任务。把原来在回转窑内大部分传热转移至具有高效、快速传热特点的预热系统内进行,这种回转窑筒体与预热系统的组合,其作用类同于窑筒体的延伸,使出口烟气温度有效地降低,从而提高系统热利用系数 $U$。由于预热器具有很强的传热能力,发热能力便成于控制因素。

　　预分解窑是在预热器窑的基础上增设分解炉为系统发热能力提供了扩展的空间,因此,更大幅度地提高生产能力。其提高幅度取决于发热能力提高幅度和传热量在回转窑筒体与预热系统内的分配情况,它体现在入窑筒体物料预热程度。由于分解炉具有很强的发热能力,其控制因素则转换为窑筒体的传热能力。

　　笔者在《水泥回转窑热力参数方程》一文中,在窑筒体的几何因素的基础上,纳入热力过程因素,建立了热力参数与窑筒体几何因素之间的一系列参数方程。本文是在此基础上进一步探求系统的热力特性,并对预热器窑及预分解窑生产能力的影响进行分析。

## 1　回转窑筒体

　　笔者在《水泥回转窑热力参数方程》一文中导出回转窑筒体的传热方程及建立

---

　　* 原发表于《水泥工程》1998 年第 3 期和第 4 期,原标题《旋风预热器窑与预分解窑的热工参数及生产能力分析》。

一系列组热力参数方程,现仅就与本文有关的摘录于下:

## 1.1　窑筒体传热方程

$$Q_K = K_Q LD_i^{1.5}(1 - kM_K) \tag{1}$$

式中:$Q_K$——窑筒体内传热量;

　　$K_Q$——窑筒体内传热系数;

　　$k$——运行系数;

　　$LD_i^{1.5}$——回转窑的传热单元,是窑的单位传热几何能力。

## 1.2　窑型模数 $M_K$

$$M_K = \frac{L}{D_i^{1.5}} = \frac{LD_i^{1.5}}{D_i^3} \tag{2}$$

窑型模数表述窑筒体的几何传热能力 $LD_i^{1.5}$ 与几何发热能力 $D_i^3$ 的匹配情况,体现窑筒体的热力特性,代表窑的"长短度"。当比值大时,说明窑筒体"长",平均单位传热单元的传热能力低,比值小时,则相反。

## 1.3　窑筒体热利用系数 $U_K$

指窑筒体内的气体总热量被物料吸收利用的程度。

$$U_K = \frac{q_k}{q_z} = 1 - (1 - 2kM_K)^2 \tag{3}$$

式中:$q_z$——进入窑筒体单位熟料的气体总热量;

　　$q_k$——单位熟料在窑内的吸热量。

## 1.4　系统热利用系数 $U$

$$U = \frac{q_{cl}}{q_z} = 1 - \frac{q_f}{q_z} \tag{4}$$

式中:$q_f$——系统出口单位熟料气体热;

　　$q_{cl}$——形成单位熟料所需吸热量(4 181 kJ/kg)。

## 1.5　回转窑筒体燃料量与系统总燃料量之比 $r$

$$r = \frac{1 - a - b\,(e_t)_{\text{NSP}}}{1 - a - b\,(e_t)_{\text{SP}}} \tag{5}$$

式中：$q_1$——生料从常温预热到碳酸钙分解温度时的吸热量（1 452 kJ/kg）；

$q_2$——碳酸钙分解热（2 140 kJ/kg）。

$$a = q_1/q_{cl} = 1\ 452 \div 4\ 181 = 0.347$$

$$b = q_2/q_{cl} = 2\ 140 \div 4\ 181 = 0.512$$

### 1.6 预热器窑入窑物料真实分解率$(e_t)_{SP}$

$$(e_t)_{SP} = \frac{1 - a - U_K/U}{b} \tag{6}$$

## 2 旋风预热器

由于粉状物料高度分散于气流中，具有很大的传热面积，因而传热速率很快，因此在正常条件下，预热器内的传热速度不是制约生产能力的因素。但按对流传热薄膜学说，物料颗粒表面包裹一层气体薄膜，形成热阻，在有限的时间内气体与物料之间存在温度差，是不可避免的。预热器的传热量定义为气流提供给物料的热量，可通过其进出口气体热焓差求得。

为求预热器的传热量，首先要研究各级间的温度分布。朱祖培设计大师在简化条件下对多级旋风预热器的温度分布进行了理论分析，提出了基本规律，具有指导意义。为求更切合实际，笔者在其基础上进一步考虑了旋风筒分离效率、漏风以及表面热损失等因素。

预热器温度分布

根据热平衡：

第$i$级

收入：

$$k_1^{n-i} C_g G_g t_{g(i+1)} + C_m G_a t_{g(i+1)} + C_m G_m (t_{g(i-1)} - \Delta t_{gm})$$
$$= C_g G_g \{ [k_1^{n-i} + rR_{SG}(1-\eta)/\eta] t_{g(i+1)} + rR_{SG} t_{g(i-1)} - rR_{SG} \Delta t_{gm} \}$$

支出：

$$k_1^{n-i+1} C_g G_g t_{gi} + C_m G_m (t_{gi} - \Delta t_{gm}) + C_m G_m [(1-\eta)/\eta] t_{gi} + k_1^{n-i} k_2 C_g G_g t_{g(i+1)}$$
$$= C_g G_g \{ [k_1^{n-i+1} + rR_{SG} + rR_{SG}(1-\eta)/\eta] t_{gi} - rR_{SG} \Delta t_{gm} + k_1^{n-i} k_2 t_{g(i+1)} \}$$
$$t_{gi} = \frac{[k_1^{n-i} + rR_{SG}(1-\eta)/\eta - k_1^{n-i} k_2] t_{g(i+1)} + rR_{SG} t_{g(i-1)}}{k_1^{n-i+1} + rR_{SG}/\eta} \tag{7}$$

$$t_{g1} = \frac{(k_1^{(n-1)} + rR_{SG}(1-\eta)/\eta - k_1^{(n-1)}k_2)t_{g2} + rR_{SG}(t_{m0} + \Delta t_{gm})}{k_1^n + rR_{SG}/\eta} \qquad (7')$$

式中：$G_g$——气体量；

$\quad G_m$——物料量；

$\quad G_a = G_m(1-\eta)/\eta$——含尘量；

$\quad t_g$——气体温度；

$\quad t_m$——物料温度；

$\quad \Delta t_{gm} = t_g - t_m$——气体物料温度差；

$\quad k_1 = \dfrac{G_{gi}}{G_{g(i+1)}}$——漏风系数；

$\quad k_2 = \dfrac{q}{(C_g G_g t_g)_{in}}$——散热系数；

$\quad$散热量 $q = k_2(C_g G_g t_g)_{in}$；

$\quad \eta$——分离效率；

$\quad$设 $G_{mi} = G_{m(i+1)} = G_n$；

$\quad G_a = \dfrac{1-\eta}{\eta} G_m$　固气比 $R_{SG} = \dfrac{G_{m0}}{G_{g0}}$；

$\quad$平均比热容比 $r = \dfrac{C_m}{C_g}$；

$\quad n$——不计入窑级预热器级数；

$\quad i$——预热器序号。

上述各参数的值对各级而言在理论上应稍有不同，为简化运算而取其平均值足以满足工程要求的精度。通过该式即可求出各级出口气体和物料温度及预热器出口废气温度，以其进出口气体热焓差即为该级的传热量$(q_{ph})_i$，则系统传热量为：

$$q_{ph} = \sum (q_{ph})_i = \sum [G_{gi}(C_{gi} \cdot t_{gi} - k_1 \cdot C_{gi-1} \cdot t_{gi-1})] \qquad (8)$$

或直接以系统进出口气体热焓差的热焓差求系统传热量：

$$q_{ph} = (q_k)_f + (q_f)_r - (q_{ph})_f \qquad (9)$$

式中：$(q_k)_f$——窑尾烟气中热量，可以窑热利用系数 $U_K$ 求得；

$\quad (q_f)_r$——分解炉燃料燃烧热；

$\quad (q_{ph})_f$——预热器出口废气带走热。

当然，$q_{ph}$ 也可间接由 $q_{ph} = q_{cl} - q_k$ 求得。

## 3 预热、预分解窑的特性

### 3.1 边界条件稳定

熟料烧成传热过程可分为三个阶段:第1阶段,生料预热至碳酸钙分解温度;第2阶段,碳酸钙分解;第3阶段,继续加热至烧结温度。由于碳酸钙分解在一定的二氧化碳分压条件下是恒温过程,赋予分解炉及入窑级预热器一种缓冲功能,犹如"水库",使预热器入窑级出口气体温度保持稳定,以此为界面,对系统具有独特的稳定性能,在预热器级数一定时,预热器出口气体温度则可保持稳定,这种自我稳定是其重要特点。

### 3.2 燃烧温度高、窑速快

由于系统热利用系数高,热耗低,单位熟料助燃空气量少而温度高,燃烧温度高,化学反应速度快,为提高窑速提供条件。从另一角度,由于燃烧温度高,为避免窑皮过长时间暴露在高温条件下致使窑皮过热而受损,需保持合理的物料负荷率,这是必须高窑速和需要高窑速的自我互补。物料高速翻动,温度高而均匀,这为熟料加快冷却创造条件,有利于提高熟料质量。

## 4 入窑物料真实分解率与生产能力

由于碳酸钙分解在一定的 $CO_2$ 分压下是一个等温过程,所以入窑筒体物料温度几乎是定值,物料显热也是常量。则入窑筒体物料的预热程度主要体现在其真实分解率 $e_t$,当窑筒体燃料用量不变的情况下真实分解率与生产能力是函数关系:

$$G_{NSP} = f(e_t)$$

预热系统内单位熟料传热量 $q_{ph}$ 与窑筒体内单位熟料传热量 $q_k$ 之和即为形成单位熟料所需吸收的热量 $q_{cl}$,当生产方式和物料化学组成一定时 $q_{cl}$ 为定值,$q_{cl}$ 分为三阶段:常温生料预热至碳酸钙分解温度时吸热 $q_1$;碳酸钙分解热 $q_2$;分解后物料加热至熟料烧结温度时吸热 $q_3$,$q_3 = q_{cl} - q_1 - q_2$

窑筒体内单位熟料传热量:$q_k = q_{cl} - q_1 - q_2 e_t = (1 - a - b \cdot e_t) q_{cl}$

因此,具有预热系统生产方式的各类窑筒体的生产能力为:

$$G = G_K \frac{q_{cl}}{q_k} = \frac{G_K}{1 - a - b \cdot e_t} \tag{10}$$

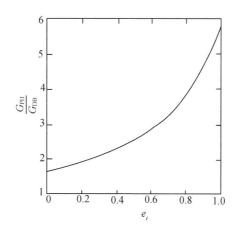

**图1**　$e_t$与$\dfrac{G_{PH}}{G_{DB}}$的关系图

该式可适用于多种窑型。在直角坐标图上(如图1所示),是一条双曲线,生产能力$G$随入窑物料真实分解率$e_t$的提高而提高,而且$e_t$越高对$G$越敏感,即$\dfrac{dG}{de_t}$越大,当$e_t=1$,碳酸盐全部分解时,生产能力达到极限值$1/(1-a-b)$,由于要保持等温状态,避免导致热工制度紊乱,而且会产生结皮等故障。入窑筒体物料分解率不得不低于1,人们在控制$e_t<1$的前提下,尽可能提高$e_t$,力求最大限度地提高生产能力,提高$e_t$就需要高水平的控制手段,同时要探索更佳的控制参数,笔者曾得出从各点烟气组成求得入窑物料真实分解率的方法,为直接控制$e_t$创造条件,而且使$e_t$直观化,以供参考。(请参阅《表观分解率与实际分解率》一文)

## 5　生产能力

系统总传热量:$Q=Q_z\times U$;$Q=G\times q_{cl}$

$$G=\dfrac{Q_z}{q_{cl}}U \tag{11}$$

据式(1)　　　　　　$Q_K=K_Q L D_i^{1.5}(1-kM_K)$

当窑筒体长度达到最大值$L_{max}$时,传热量达到最大值$Q_{max}$,其条件为$\dfrac{dQ_K}{dL}=0$,$L_{max}=\dfrac{D_i^{1.5}}{2k}$,系统总热量为

$$Q_z=Q_{max}=\dfrac{K_Q}{4k}D_i^3$$

代入式(11)得预热器窑生产能力公式为：

$$G_{SP} = \frac{K_Q}{4kq_{cl}}D_i^3 U \tag{12}$$

$$G_{SP} = \frac{K_G}{4k}D_i^3 U \tag{13}$$

式中的几何因素仅有窑筒体直径 $D_i$，$D_i^3$ 是筒体发热能力的几何表征，而运行系数 $k$ 又与单位容积发热量系数 $a_1$ 成反比，因此 $D_i^3/k$ 是筒体发热量的表征。说明生产能力与筒体发热能力有关。

该式中无长度因次(单位)，这是一个重要提示，说明预热器窑生产能力与窑筒体长度无关。这是因为筒体长度或窑型模数仅与窑筒体的热利用系数 $U_K$ 和窑筒体出口烟气温度有关，入窑级预热器出口烟气温度是稳定的，当预热器级数一定时预热器出口烟气温度稳定，随之决定生产能力的系统热利用系数 $U$ 稳定，又无论窑筒体长度延长或缩短，窑筒体出口烟气热焓随之降低或提高，但由于入窑级预热器已有碳酸盐分解且有很大的传热容量仍能保持其出口温度稳定，因而是不影响生产能力的。从生产能力的控制因素角度，中空干法水泥窑(DB窑)，控制因素是传热能力，预热器窑增加了预热器，传热能力大幅度提高，其控制因素转移到发热能力，传热能力为非控制因素，即与窑筒体长度无关，预分解窑，由于增加分解炉，大幅度提高发热能力，控制因素又转移至传热能力。说明预热器窑最有条件采用两支点窑。

对于预分解窑，由于增加分解炉后系统的发热量提高，而系统热利用系数不变，其生产能力与系统发热能力 $\frac{D_i^3}{r}$ 提高的比例成正比。从式 $r = \frac{1-a-b\,(e_t)_{NSP}}{1-(1-2kM_K)^2}U$，说明预分解窑筒体所用燃料量与系统总燃料用量之比 $r$ 与窑型模数 $M_K$ 有关，即生产能力与窑筒体长度有关，这是与预热器窑不同点之一。

上述分析说明预分解窑窑筒体长度宜长不宜短，窑筒体长度过短必然导致降低生产能力。但如过长，窑筒体烟气温度接近入窑物料温度，则失去加长的意义。总之，原则上宜长不宜短，但其长亦有一个尺度。

诚然两支点窑有其突出优点，在结构上属于静定结构，运行稳定，设备重量轻可节约投资，如采用超短两支点窑，以传热单元 $LD_i^{1.5}$ 相同的等效方法(参阅《新型干法回转窑的窑型和热利用系数》一文)，以保持其生产能力。

当窑筒体燃料用量不变，其燃料占总量之比为 $r$ 时，系统热气体中总热量为：

$$(q_z)_{NSP} = \frac{1}{r}(q_z)_{SP}$$

则 $G_{SP} = \dfrac{K_G}{4k}D_i^3 U$ 式的通式为:

$$G = \frac{K_Q}{q_{cl}} \frac{1}{4kr} D_i^3 U \tag{14}$$

该式中含有很重要的技术经济指标——系统热利用系数,$U = 1 - q_f/q_z$,说明它不仅与废气热损失有关,而且亦与生产能力有关。以不同预热器级数为例:

六级: $\quad U = 1 - 594/(594 + 4\,140) = 0.875$

五级: $\quad U = 1 - 681/(681 + 4\,140) = 0.859$

四级: $\quad U = 1 - 836/(836 + 4\,140) = 0.832$

水泥窑的技术进步均体现在系统热利用系数的提高。

该式的物理的涵义是系统气体总热量被利用的程度,气体总热量与系统热利用系数之乘积即为被物料有效地吸收,从而转化为生产能力,这一概念具有普遍意义,因而可广泛适用于各种窑型。

# 6　计算举例

## 6.1　已知窑筒体规格求生产能力(例 1)

### 6.1.1　计算步骤

举例:窑规格 $\phi 4\ \text{m} \times 60\ \text{m}$

(1) 有关条件设定

预热器级数五级;预热器入口物料量(包括单位熟料料耗和预热器出口飞灰回收量)$G_{m0} = 1.65$;第五级出口(第四级入口)烟气温度 $t_{g5} = 880\ ℃$;

喂入生料温度 $t_{m0} = 70\ ℃$;各级出口烟气与物料温度差 $\Delta t_{gm} = 15\ ℃$;物料平均比热容 $C_m = 1.022\ \text{J/(kg·℃)}$;气体平均比热容 $C_g = 1.57\ \text{J/(kg·℃)}$;入窑物料真实分解率 $e_t = 0.85$。

入窑级预热器出口烟气量:

碳酸钙分解二氧化碳量:$1.5 \times 0.35 \times 22.4 \div 44 = 0.267\ (\text{m}^3)$

实物煤热值:$5\,000 \times 4.186\,8 = 20\,934\ (\text{kJ/kg})$

1 kg 实物煤产生理论烟气量:$V_f = \dfrac{0.203 \times 20\,934}{1\,000} + 2 = 6.25\ (\text{m}^3)$

1 kg 实物煤燃烧需要理论空气量:

$$V_k = \frac{0.242 \times 20\ 934}{1\ 000} + 0.5 = 5.566(\text{m}^3)$$

设过剩空气系数为 1.15

过剩空气量:$0.15 \times 5.566 = 0.835(\text{m}^3)$

1 kg 实物煤产生实际烟气量:$6.25 + 0.835 = 7.085(\text{m}^3)$

热耗:$750 \times 4.186\ 8 = 3\ 140(\text{kJ})$

折合实物煤:$3\ 140 \div 20\ 934 = 0.15(\text{kg})$

产生烟气量:$0.15 \times 7.085 = 1.063(\text{m}^3)$

入窑级预热器出口烟气量:$1.063 + 0.267 = 1.33(\text{m}^3)$

预热器内固气比:$R_{SG} = \dfrac{G_m}{G_g} = \dfrac{1.6}{1.33} = 1.203$

平均比热容比:$r_h = \dfrac{C_m}{C_g} = \dfrac{1.022}{1.7} = 0.65$

固气热容比:$r_h R_{SG} = 0.65 \times 1.023 = 0.782$

五级预热器: $\quad R_{SG} = \dfrac{G_{m0}}{G_{g0}} = \dfrac{1.6}{1.33} = 1.203$

$$r_h R_{SG} = 0.65 \times 1.203 = 0.782$$

(2) 有关系数设定

窑筒体生产能力系数 $K_G = 0.06$;窑筒体运行系数 $k = 0.014$;热效应系数 $a = 0.347$、$b = 0.512$;预热器各级平均漏风系数 $k_1 = 1.01$;预热器各级平均表面热损失系数 $k_2 = 0.025$;预热器各级平均分离效率:$\eta = 0.875$。

## 6.1.2 预热器各级出口温度(五级)

在本文第 2 节中已导出:

$$t_{gi} = \frac{[k_1^{(n-i)} + rR_{SG}(1-\eta)/\eta - k_1^{(n-i)}k_2]t_{g(i+1)} + rR_{SG}t_{g(i-1)}}{k_1^{(n-i+1)} + rR_{SG}/\eta}$$

$$t_{g1} = \frac{[k_1^{(n-1)} + rR_{SG}(1-\eta)/\eta - k_1^{(n-1)}k_2]t_{g2} + rR_{SG}(t_{m0} + \Delta t_{gn})}{k_1^n + rR_{SG}/\eta}$$

式中:$G_g$——气体量;

$G_m$——物料量;

$G_a = G_m(1-\eta)/\eta$——含尘量;

$t_g$——气体温度;

$t_m$——物料温度;

$\Delta t_{gn} = t_g - t_m$——气体物料温度差;

$$k_1 = \frac{G_{gi}}{G_{g(i+1)}} \quad \text{——漏风系数；}$$

$$k_2 = \frac{q}{(C_g G_g t_g)_{in}} \quad \text{——散热系数；}$$

散热量 $q = k_2 (C_g G_g t_g)_{in}$；

$\eta$——分离效率；

设 $G_{mi} = G_{m(i+1)} = G_n$；

$G_a = \dfrac{1-\eta}{\eta} G_m$，固气比 $R_{SG} = \dfrac{G_{m0}}{G_{g0}}$；

平均比热容比 $r_h = \dfrac{C_m}{C_g}$；

$n$——不计入窑级预热器级数；

$i$——预热器序号。

第 4 级

$$t_{g4} = \frac{[1+0.782(1-0.875)/0.875-0.025]880 + 0.782 t_{g3}}{1.01 + 0.782/0.875} = 502.3 + 0.411 t_{g3}$$

第 3 级

$$t_{g3} = \frac{[1.01+0.782(1-0.875)/0.875-1.01\times0.025]t_{g4} + 0.782 t_{g2}}{1.01^2 + 0.782/0.875}$$

$$t_{g3} = 376 + 0.535 t_{g2}$$

第 2 级

$$t_{g2} = \frac{[1.01^2+0.782(1-0.875)/0.875-1.01^2\times0.025]t_{g3} + 0.782(t_{g1}-15)}{1.01^3 + 0.782/0.875}$$

$$t_{g2} = 326.3 + 0.596 t_{g1}$$

第 1 级

$$t_{g1} = \frac{[1.01^3+0.782(1-0.875)/0.875-1.01^3\times0.025]t_{g2} + 0.782(70+15)}{1.01^4 + 0.782/0.875}$$

$$t_{g1} = 322.8$$

$$t_{g2} = 326.3 + 0.596 t_{g1} = 326.3 + 0.596 \times 322.8 = 518.7(℃)$$

$$t_{g3} = 376 + 0.535 t_{g2} = 376 + 0.535 \times 518.7 = 653.5(℃)$$

$$t_{g4} = 502.3 + 0.411 t_{g3} = 502.3 + 0.411 \times 653.5 = 771(℃)$$

## 6.1.3　系统热利用系数 $U$

$$G_{g1} = G_{g5} \times k_1^{5-1} = 1.33 \times 1.01^4 = 1.384(\text{m}^3/\text{kg})$$

$$q_f = C_{g1} \times G_{g1} \times t_{g1} = 1.525 \times 1.384 \times 322.8 = 681 (\text{kJ/kg})$$

$$q_z = q_{cl} + q_f = 4\ 181 + 681 = 4\ 862\ \text{kJ/kg}$$

$$U = \frac{q_z - q_f}{q_z} = \frac{4\ 862 - 681}{4\ 862} = 0.86$$

### 6.1.4　窑筒体热利用系数 $U_K$

$$M_K = \frac{L}{D_i^{1.5}} = \frac{60}{(4 - 0.4)^{1.5}} = 8.78$$

$$U_K = 1 - (1 - 2 \cdot k \cdot M_K)^2 = 1 - (1 - 2 \times 0.014 \times 8.78)^2 = 0.431$$

### 6.1.5　预热器窑时入窑物料真实分解率

$$q_k = q_z \times U_K = 4\ 862 \times 0.431 = 2\ 096 (\text{kJ})$$

$$q_{ph} = q_{cl} - q_k = 4\ 181 - 2\ 096 = 2\ 085 (\text{kJ})$$

$$q_{ph} / q_{cl} = a + b\ (e_t)_{\text{SP}}$$

$$(e_t)_{\text{SP}} = \frac{q_{ph}/q_{cl} - a}{b} = \frac{2\ 085/4\ 181 - 0.347}{0.512} = 0.296$$

### 6.1.6　窑筒体燃料比

$$r = \frac{1 - a - b\ (e_t)_{\text{NSP}}}{1 - a - b\ (e_t)_{\text{SP}}} = \frac{1 - 0.347 - 0.512 \times 0.9}{1 - 0.347 - 0.512 \times 0.296} = 0.383$$

### 6.1.7　预热器窑生产能力

$$G_{\text{SP}} = \frac{K_G}{4k} D_i^3 \cdot U = \frac{0.06}{4 \times 0.014} (4 - 2 \times 0.2)^3 \times 0.86$$

$$= 42.94 (\text{t/h}) (\text{即 } 1\ 030\ \text{t/d})$$

### 6.1.8　预分解窑生产能力

$$G_{\text{NSP}} = \frac{G_{\text{SP}}}{r} = \frac{42.94}{0.383} = 112 (\text{t/h}) (\text{即 } 2\ 688\ \text{t/d})$$

## 6.2　已知窑筒体规格求生产能力（例2）

窑规格 $\phi 4\ \text{m} \times 43\ \text{m}$，条件设定和系数设定同 6.1 节中。

$$U = \frac{q_z - q_f}{q_z} = \frac{4\ 862 - 681}{4\ 862} = 0.86$$

$$M_K = \frac{L}{D_i^{1.5}} = \frac{43}{(4 - 0.4)^{1.5}} = 6.3$$

$$U_K = 1 - (1 - 2 \cdot k \cdot M_K)^2 = 1 - (1 - 2 \times 0.014 \times 6.3)^2 = 0.322$$

$$q_k = q_z \times U_K = 4\ 862 \times 0.322 = 1\ 566 (\text{kJ})$$

$$q_{ph} = q_{cl} - q_k = 4\ 181 - 1\ 566 = 2\ 615(\text{kJ})$$

$$(e_t)_{\text{SP}} = \frac{q_{ph}/q_{cl} - a}{b} = \frac{2\ 615/4\ 181 - 0.347}{0.512} = 0.544$$

$$r = \frac{1 - a - b\ (e_t)_{\text{NSP}}}{1 - a - b\ (e_t)_{\text{SP}}} = \frac{1 - 0.347 - 0.512 \times 0.9}{1 - 0.347 - 0.512 \times 0.544} = 0.513$$

预热器窑生产能力：

$$G_{\text{SP}} = \frac{K_G}{4k}D_i^3 \cdot U = \frac{0.06}{4 \times 0.014}\ (4 - 0.4)^3 \times 0.86 = 43(\text{t/h})(\text{即 1 032 t/d})$$

预分解窑生产能力：

$$G_{\text{NSP}} = \frac{G_{\text{SP}}}{r} = \frac{42.94}{0.513} = 83.8\ \text{t/h}(\text{即 2 011 t/d})$$

## 6.3　根据生产能力求窑筒体规格

要求生产能力：日产一万吨(10 000 t/d)；预热器：六级

窑型模数：　　　　　　　　$M_K = 8.5$

预热器出口烟气量 $G_{gf} = 1.29\ \text{m}^3$；温度 $t_{gf} = 286\ ℃$；热量 $q_f = 595\ \text{kJ}$

$$q_z = q_{cl} + q_f = 4\ 181 + 595 = 4\ 776(\text{kJ})$$

系统热利用系数：　　$U = 4\ 181 \div 4\ 776 = 0.875$

窑筒体热利用系数：

$$U_K = 1 - (1 - 2kM_K)^2 = 1 - (1 - 2 \times 0.014 \times 8.5)^2 = 0.419$$

$$q_k = q_z U_K r = 4\ 776 \times 0.419r = 2\ 001r$$

$$r = q_k/2\ 001$$

$$q_{ph} = q_{cl} - q_k = 4\ 181 - 2\ 001r$$

当 $e_t = 0.9$ 时：

$$q_{ph} = (a + be_t)q_{cl} = (0.347 + 0.512 \times 0.9)4\ 181 = 3\ 377(\text{kJ})$$

$$q_k = q_{cl} - q_{ph} = 4\ 181 - 3\ 377 = 804(\text{kJ})$$

$$r = q_k/2001 = 804/2001 = 0.402$$

小时生产能力：　　　　　　$10\ 000\ \text{t/d} = 417\ \text{t/h}$

$$G_{\text{NSP}} = \frac{G_{\text{SP}}}{r} = \frac{1}{r} \cdot \frac{K_G}{4k}D_i^3 U$$

$$D_i = \sqrt[3]{\frac{4 \times G_{\text{NSP}} \times k \times r}{K_G \times U}} = \sqrt[3]{\frac{4 \times 417 \times 0.014 \times 0.46}{0.06 \times 0.875}} = 5.63(\text{m})$$

$$L = M_K \times D_i^{1.5} = 8.5 \times 5.63^{1.5} = 113.5\,(\mathrm{m})$$

## 7 讨论

下表中所列是在设定条件下的计算结果。因此,仅供参考。但从其中可以得到几点启示。

表1 生产能力测算值(t/d)

| $D \times L$ (m×m) | $U$ | $G_{SP}$ | $e_t$ 0.8 | | $e_t$ 0.85 | | $e_t$ 0.9 | | $e_t$ 0.95 | |
|---|---|---|---|---|---|---|---|---|---|---|
| | | | $r$ | $G_{NSP}$ | $r$ | $G_{NSP}$ | $r$ | $G_{NSP}$ | $r$ | $G_{NSP}$ |
| 5.6×87 | 0.866 | 2 950 | 0.573 | 5 160 | 0.52 | 5 680 | 0.467 | 6 225 | 0.414 | 7 135 |
| 5.2×61 | 0.856 | 2 285 | 0.7 | 3 260 | 0.638 | 3 580 | 0.573 | 3 990 | 0.508 | 4 500 |
| 4.7×47 | 0.857 | 1 670 | 0.53 | 3 150 | 0.482 | 3 470 | 0.433 | 3 680 | 0.384 | 4 350 |
| 4.55×68 | 0.853 | 1 510 | 0.546 | 2 770 | 0.495 | 3 050 | 0.445 | 3 400 | 0.395 | 3 830 |
| 4.3×63 | 0.852 | 1 300 | 0.502 | 2 510 | 0.456 | 2 760 | 0.41 | 3 070 | 0.364 | 3 460 |
| 4×60 | 0.852 | 1 020 | 0.502 | 2 030 | 0.456 | 2 240 | 0.41 | 2 490 | 0.363 | 2 815 |
| 4×43 | 0.851 | 1 020 | 0.656 | 1 550 | 0.595 | 1 710 | 0.535 | 1 910 | 0.474 | 2 150 |
| 3.5×54 | 0.842 | 654 | 0.115 | 1 465 | 0.422 | 1 550 | 0.379 | 1 720 | 0.336 | 1 940 |
| 3.5×54※ | 0.739 | 565 | 0.46 | 1 230 | 0.418 | 1 350 | 0.376 | 1 10 | 0.333 | 1 700 |
| 3.2×50 | 0.831 | 470 | 0.465 | 1 030 | 0.422 | 1 140 | 0.379 | 1 270 | 0.336 | 1 430 |
| 3×48 | 0.831 | 395 | 0.41 | 960 | 0.372 | 1 060 | 0.334 | 1 180 | 0.297 | 1 325 |
| 2.5×40 | 0.83 | 227 | 0.368 | 630 | 0.334 | 700 | 0.3 | 775 | 0.266 | 875 |

※湿改干

(1) 预热器窑由于预热系统的传热能力有很大的潜力(主要体现在分解级上),从理论上讲,只要窑筒体尾部烟气能提供足够的热量,分解级都能予以吸收,可以起到分解炉的作用。当长度过短,窑筒体热利用系数低到某一值时,在理论上也有可能使其入窑筒体物料真实分解率到达预分解窑的水平时,生产能力亦可达到预分解窑的水平。但窑筒体尾部烟气温度过高,在实际生产中是不可能实现的。因此,系统生产能力的制约因素是其发热能力或热力强度。从另一角度来讲它又是一能动因素,可以在一定条件下,提高一定幅度的生产能力。但提高热力强度势必影响衬料寿命,对于大型窑是应该避免的。

(2) 预分解窑的分解炉是对整个系统发热能力的补充与扩展,其燃料用量已有超过窑筒体,而且有相当的潜力,并已成为系统的主要发热装置。因此,系统生产能力的制约因素由窑筒体的发热能力转移到窑筒体的传热能力,由于预热器有很强的传热能力,实际上制约因素转移至窑筒体的传热单元 $LD_i^{1.5}$ 数量上来。所以仅以物料在窑筒体内的停留时间(即烧结时间,这是超短窑的所谓理论依据)作为决定窑筒体长度的依据值得商榷,对预分解窑窑筒体的传热能力必须予以重视。此外,预分解窑预热系统的热源是由窑筒体尾部烟气中的热量和分解炉燃料燃烧热构成,由于入窑物料真实分解率存在一个极限值($e_t \leqslant 1$),如果窑筒体传热单元 $LD_i^{1.5}$ 过小,传热能力不够,窑筒体热利用系数 $U_K$ 过低,窑筒体尾部烟气温度高,就会迫使分解炉的燃料用量降低,进而限制了整个系统的发热能力,势必制约系统的生产能力。从这个角度来讲,预分解窑的窑筒体传热能力将成为控制因素。如表中所列的 $\phi 4\ \mathrm{m} \times 43\ \mathrm{m}$ 和 $\phi 4\ \mathrm{m} \times 60\ \mathrm{m}$,由于窑筒体长度不同,$\phi 4\ \mathrm{m} \times 43\ \mathrm{m}$ 窑的 $r$ 值大,而且无法减小,则其生产能力就受到制约,因为当 $r$ 值低于其所要求的合理值时,则分解炉发热量超过合理值,会使分解后的物料温度继续升温,从而破坏了等温过程,预热器热工制度失控、紊乱,导致结皮等故障。

(3) 预热系统的预热器与分解炉能力的配置至关重要。在初期由于认识不足,导致分解炉能力偏小,生产能力得不到充分发挥,如表中 3 m 直径的窑,预热器窑的日产约 500~550 t/d,预分解窑的日产约 700~850 t/d,这显然不符合规律。

(4) 在特殊情况下例如湿磨干烧要求较高的预热器出口烟气温度,则预热器级数相应减少,系统热利用系数 $U$ 将降低。对于预热器窑,其生产能力随 $U$ 的降低而降低。当采用预分解窑时,可通过降低 $r$ 值,提高分解炉的燃料用量,有可能使入窑筒体物料真实分解率 $e_t$ 达到普通预分解窑的水平,则生产能力原则上与 $e_t$ 提高达到同步。

(5) 入窑筒体物料真实分解率对生产能力相当敏感,提高 $e_t$ 是提高生产能力幅度的最有效的途径。但只有在稳定的基础上才有可能。因此,除分解炉具有足够的能力外,稳定外在条件如喂煤量、喂料量、煤质、生料成分等的稳定以及有效的控制手段是十分重要的。

# 8　结语

(1) 预热器窑的生产能力仅与窑筒体的发热能力相关,而且受发热能力的制约。其窑筒体直径是最重要因素,与窑筒体长度无关。即生产能力与煅烧强度有关,但由于热力强度过高将影响衬料寿命,尤其是大型窑应慎重对待。对于预分解窑窑筒体长度与其燃料比 $r$ 有关,即生产能力与窑筒体长度有关。

(2) 预分解窑的分解炉能力是整个系统的关键,因此留有一定的富裕能力是必要的,但也不应忽视窑筒体的传热能力即传热单元 $LD_i^{1.5}$ 这个控制因素。

(3)预热器级数的配置与废气热损失直接相关。增加预热器级数不仅降低预热器出口废气温度,降低熟料热耗,而且提高系统热利用系数 $U$,从而提高系统的生产能力。由于预热器分离效率除了出口级外,对系统热效率影响不大,于是开发出低阻性预热器,为六级预热器的应用提供了客观条件。

(4)入窑筒体物料真实分解率 $e_t$ 与生产能力呈双曲线关系,提高 $e_t$ 可有效地提高生产能力,且 $e_t$ 越高,对生产能力的提高幅度越大。因此,采取措施,加强和优化控制手段,稳定热工制度,将 $e_t$ 维持高水平,最大限度地发挥设备潜力。

## 附录:

以式(14) $G=\dfrac{K_Q}{q_{cl}}\dfrac{1}{4kr}D_i^3U$ 举例计算。

设:$D=4$;$D_i=3.6$;$G_g=1.4 \ \mathrm{m^3}$;$t_{g1}=325 \ ℃$

(1)预热器窑

$$q_{cl}=4\ 181 \ \mathrm{kJ}$$

$$q_f=C_g \times G_g \times t_{g1}=1.5 \times 1.4 \times 325=683(\mathrm{kJ})$$

$$q_z=q_{cl}+q_f=4\ 181+683=4\ 864(\mathrm{kJ})$$

$$U=\frac{q_z-q_f}{q_z}=\frac{4\ 864-683}{4\ 864}=0.86$$

$$K_Q=q_{cl}K_G=4\ 181 \times 0.06=251$$

$$G_{SP}=\frac{K_Q}{q_{cl}}\frac{1}{4k}D_i^3U=\frac{251}{4\ 181} \cdot \frac{1}{4 \times 0.014} \times 3.6^3 \times 0.86=43 \ (\mathrm{t/h})(即1\ 032 \ \mathrm{t/d})$$

(2)中空干法回转窑(DB 窑)

设:热耗 6 280 kJ/kg;窑尾烟气温度 850 ℃

折合实物煤:6 280÷23 000=0.273(kg)

燃料燃烧产生烟气量:0.273×7.276=1.99(m³)

碳酸盐分解产生气体量:1.5×0.35×22.4÷44=0.267(m³)

烟气量:1.99+0.267=2.257(m³)

$$q_f=C_gG_gt_{gf}=1.66 \times 2.257 \times 850=3\ 185(\mathrm{kJ})$$

$$q_z=q_{cl}+q_f=4\ 181+3\ 185=7\ 366(\mathrm{kJ})$$

$$U=\frac{q_z-q_f}{q_z}=\frac{7\ 366-3\ 185}{7\ 366}=0.568$$

$$G_{\mathrm{DB}} = \frac{251}{4\ 181} \cdot \frac{1}{4 \times 0.014}\ 3.6^3 \times 0.568 = 28.4(\mathrm{t/h})(682\ \mathrm{t/d})$$

（3）湿法窑

设：单位熟料热耗：6 000 kJ；生料浆水分（湿基）35%；废气温度 250 ℃

生料浆蒸发热：$h_w = 1.5 \times \dfrac{0.35}{1-0.35} \times 595 \times 4.186\ 8 = 2\ 012(\mathrm{kJ})$

$$q_1 = 1\ 452 + 2\ 012 = 3\ 464(\mathrm{kJ})$$
$$q_{cl} = 4\ 181 + 2\ 012 = 6\ 193(\mathrm{kJ})$$

热耗折合实物煤：$6\ 000 \div 23\ 000 = 0.261(\mathrm{kg})$

燃料燃烧烟气量：$0.261 \times 7.276 = 1.899(\mathrm{m}^3)$

碳酸盐分解产生气体量：$1.5 \times 0.35 \times 22.4 \div 44 = 0.267(\mathrm{m}^3)$

烟气量：$1.899 + 0.267 = 2.166(\mathrm{m}^3)$

燃料烟气热焓：$h_r = C_g G_g t_g = 1.5 \times 2.166 \times 250 = 812(\mathrm{kJ})$

烟气中水蒸气量：$h'' = 1.5\ \dfrac{0.35}{1-0.35} \times \dfrac{22.4}{18} = 1(\mathrm{m}^3)$

水蒸气热焓：$h_w = 1 \times 1.532 \times 250 = 383(\mathrm{kJ})$

烟气热焓：$q_f = h_r + h_w = 812 + 383 = 1\ 195(\mathrm{kJ})$

系统总热焓：$q_z = q_{cl} + q_f = 6\ 193 + 1\ 195 = 7\ 388(\mathrm{kJ})$

系统热利用系数：$U = \dfrac{q_z - q_f}{q_z} = \dfrac{7\ 388 - 1\ 195}{7\ 388} = 0.838$

传热量系数：$K_G = \dfrac{q_{cl0}}{q_{cl}} K_{G0} = \dfrac{4\ 181}{6\ 193} \times 0.06 = 0.040\ 5$

$$G_W = \frac{0.040\ 5}{4 \times 0.014} \times 3.6^3 \times 0.838 = 28.3(\mathrm{t/h})(即\ 679\ \mathrm{t/d})$$

（4）预分解窑

当 $r = 0.4$ 时：

$$G_{\mathrm{NSP}} = \frac{G_{\mathrm{SP}}}{r} = 43/0.4 = 107.5(\mathrm{t/h})(即\ 2\ 580\ \mathrm{t/d})$$

# 多级旋风预热器热效率[*]

**摘要**：根据热平衡，建立包括固气比、旋风筒分离效率、漏风、表面散热损失等因素的多级旋风预热器的温度分布式。建立固气比效应、分离效率的有关参数方程。分析各级预热器分离效率对预热器出口气体含尘量的作用。

**关键词**：多级旋风预热器；温度分布；固气比效应；热效率；分离效率

## 1 预热器温度分布

多级旋风预热器窑、预分解窑的预热系统承担大部分传热任务，降低废气带走的热损失，降低热耗，因此预热系统的热效率是衡量预热器窑、预分解窑能否高效运行的关键。

多级旋风预热器热效率主要以其出口烟气温度中热焓来判断。在正常条件下，当其固气比为某一值时则体现在其温度分布上。预热器系统其出口烟气温度、热焓多寡体现在系统热利用系数 $U$ 上。

影响旋风预热器各级之间气流温度分布的因素计有：预热器级数；固气比；旋风筒分离效率；漏风和表面散热损失等。

笔者在《旋风预热与预分解窑热力特性和生产能力》文中已导出下列温度分布关系式（不含分解级）。

$$t_{gi} = \frac{\left[k_1^{n-i} + r_h R_{SG}(1-\eta)/\eta - k_1^{n-i}k_2\right]t_{g(i+1)} + r_h R_{SG}t_{g(i-1)}}{k_1^{n-i+1} + r_h R_{SG}/\eta} \tag{1}$$

$$t_{g1} = \frac{\left[k_1^{(n-1)} + r_h R_{SG}(1-\eta)/\eta - k_1^{(n-1)}k_2\right]t_{g2} + r_h R_{SG}(t_{m0} + \Delta t_{gm})}{k_1^n + r_h R_{SG}/\eta} \tag{2}$$

式中：$R_{SG}$——进入预热器的物料量 $G_{m0}$ 与气体量 $G_{g0}$ 之比，$R_{SG} = \dfrac{G_{m0}}{G_{g0}}$，称固气比；

---

[*] 原发表于《新世纪水泥导报》1998 年，卷 4 第 4 期。原标题《多级旋风预热器热效率分析》。

$r_h$——物料平均比热容 $C_m$ 与气体平均比热容 $C_g$ 之比，$r_h = \dfrac{C_m}{C_g}$，物料平均比热容 $C_m$ 与气体平均比热容 $C_g$ 均随温度提高而增大，其比值可视为常数；

$t_{gi}$——预热器第 $i$ 级出口气流温度；

$t_{m(i-1)}$——预热器第 $i-1$ 级出口物料温度；

$\Delta t_{gn}$——预热器各级出口气流与物料温度差，$\Delta t_{gn} = t_{gi} - t_{mi}$；

$i$——自上往下数的预热器序数；

$n$——不计分解级的预热器级数；

$k_1$——每一级预热器的漏风系数，定义为每一级预热器出口与进口气流量之比；

$$k_1 = \frac{G_{gi}}{G_{g(i+1)}} \quad k_1 \geqslant 1$$

$k_2$——每级预热器的表面热损失，定义为表面热损失与其进口气流中热量之比；

$\eta$——预热器分离效率。

其中表面散热损失、漏风是明显的不利因素，因此仅就分离效率、固气比进行具体分析。

# 2　分离效率

## 2.1　分离效率与预热器出口废气中带走粉尘量

预热器出口烟气不仅带走热量，而且烟气中粉尘也携走热量。显然，携走粉尘量与旋风筒分离效率有关。各级分离效率对预热器出口粉尘含量，以下列出各级分离效率与预热器出口粉尘量的关系表达式：

以五（Ⅴ）级预热器为例：

$$G_a = \frac{\eta_3 \eta_4 \eta_5 + (1-\eta_2)(1-\eta_3)[1-(1-\eta_5)\eta_4 + (1-\eta_4)(1-\eta_5)G_{a5}]}{(1-\eta_1+\eta_1\eta_2)\eta_3\eta_4\eta_5 + (1-\eta_1)(1-\eta_2)(1-\eta_3)[1-(1-\eta_5)\eta_4]}$$
$$\times (1-\eta_1) \tag{3}$$

式中：$G_a$——预热器出口气流中含尘量与喂料量之比；

$G_{a5}$——Ⅴ级入口气流中含尘量与喂料量之比；

$\eta_1,\eta_2,\eta_3,\eta_4,\eta_5$——依次为Ⅰ，Ⅱ，Ⅲ，Ⅳ，Ⅴ级旋风筒的分离效率。

从上式可知第一级是关键的把关级,为量化某一级分离效率对预热器系统出口废气中含尘量的影响程度,变动某一级,固定其余级分离效率进行分析。可以得出各级分离效率对废气中含尘量的敏感程度有显著差别。越往上其作用依次增大,尤以预热器废气出口级影响最大,是起决定性作用的。为量化直观起见,令第 V 级出口含灰量 $G_{a5}=0.15$,I 级出口飞灰量 $G_a$ 的计算结果列于表1。

表1 $G_{a5}=0.15$ 时,$G_a$ 值

| 预热器序数 | I | II | III | IV | V | $G_a$ |
|---|---|---|---|---|---|---|
| | 95 | 80 | 80 | 80 | 80 | 0.061 |
| | 80 | 95 | 80 | 80 | 80 | 0.261 |
| 各级分离效率(%) | 80 | 80 | 95 | 80 | 80 | 0.24 |
| | 80 | 80 | 80 | 95 | 80 | 0.248 |
| | 80 | 80 | 80 | 80 | 95 | 0.25 |

从表中可以看出高分离效率设在第一级最为有效,设置在II以后已无意义。

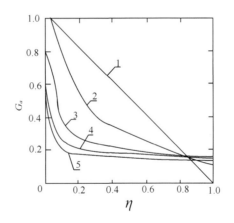

图1 $\eta$-$G_a$ 的关系($G_{a5}=0.15$)

从分离效率与热效率的作用同分离效率与出口粉尘量的分析得出几乎相同的结论,除最低一级外,分离效率的重要程度是从下到上依次加大,尤以第I级为最。对于预热器窑如入窑筒体级有较多的分解反应,则其次序为:

$$I > V > II > III > IV$$

## 2.2 分离效率与预热器出口烟气温度和热焓

为简化推导,设无漏风和表面热损失,即 $k_1=1$,$k_2=0$,则式(1)可写成:

$$t_{gi} = \frac{[1 + r_h R_{SG}/\eta - r_h R_{SG}] t_{g(i+1)} + r_h R_{SG} t_{g(i-1)}}{1 + r_h R_{SG}/\eta} \tag{4}$$

令：

$$x = \left(1 + r_h R_{SG} \frac{1-\eta}{\eta}\right) t_{g(i+1)} = (1 + r_h R_{SG}/\eta - r_h R_{SG}) t_{g(i+1)}$$

$$y = r_h R_{SG} t_{g(i-1)}$$

$$z = 1 + r_h R_{SG}/\eta$$

$$\delta t_{gi} = \delta\left(\frac{x+y}{z}\right) = \frac{z\delta x - x\delta z + z\delta y - y\delta z}{z^2}$$

$$z\delta x = t_{g(i+1)} (1 + r_h R_{SG}/\eta) \delta(1 + r_h R_{SG}/\eta - r_h R_{SG})$$

$$= (-) t_{g(i+1)} (1 + r_h R_{SG}/\eta)(r_h R_{SG}/\eta^2) \delta\eta$$

$$x\delta z = t_{g(i+1)} (1 + r_h R_{SG}/\eta - r_h R_{SG}) \delta(1 + r_h R_{SG}/\eta)$$

$$= (-) t_{g(i+1)} \left(1 + r_h R_{SG} \frac{1}{\eta} - r_h R_{SG}\right) \left(r_h R_{SG} \frac{1}{\eta^2}\right) \delta\eta$$

$$z\delta x - x\delta z = (-) t_{g(i+1)} \left(\frac{r_h R_{SG}}{\eta}\right)^2 \delta\eta$$

$$z\delta y = \left(1 + \frac{r_h R_{SG}}{\eta}\right) \delta(r_h R_{SG} t_{g(i-1)}) = 0$$

$$y\delta z = r_h R_{SG} t_{g(i-1)} \delta\left(1 + \frac{r_h R_{SG}}{\eta}\right) = (-) t_{g(i-1)} \left(\frac{r_h R_{SG}}{\eta}\right)^2 \delta\eta$$

$$z\delta y - y\delta z = t_{g(i-1)} \left(\frac{r_h R_{SG}}{\eta}\right)^2 \delta\eta$$

$$\delta t_{gi} = (-) \frac{[t_{g(i+1)} - t_{g(i-1)}] \left(\dfrac{r_h R_{SG}}{\eta}\right)^2}{\left(1 + \dfrac{r_h R_{SG}}{\eta}\right)^2} \delta\eta \tag{5}$$

该式表明提高分离效率可以降低预热器出口废气温度,而且其幅度与该级的上一级与该级下一级出口气体温度有关。

然而从系统角度来看,系统预热器总热效率,是由各级热效率构成的。决定于多级的组合。首先分析单级热效率与总热效率的关系。

现就预热器系统总热效率与某一级热效率的关系进行分析。

以预热器为五级为例:

某一级旋风筒进出口烟气热焓与热效率的表达为:

$$(\eta_r)_i = \frac{h_{i+1} - h_i}{h_{i+1}} = 1 - \frac{h_i}{h_{i+1}}$$

第 4 级：$\qquad h_4 = [1-(\eta_r)_4]h_0$

第 3 级：$\quad h_3 = [1-(\eta_r)_3]h_4 = [1-(\eta_r)_3][1-(\eta_r)_4]h_0$

第 2 级：$h_2 = [1-(\eta_r)_2]h_3 = [1-(\eta_r)_2][1-(\eta_r)_3][1-(\eta_r)_4]h_0$

第 1 级，即出口级：$\qquad \dfrac{h_{i-3}}{h_{i-2}} = 1 - \eta_{i-3}$

$$h_1 = [1-(\eta_r)_1]h_2 = [1-(\eta_r)_1][1-(\eta_r)_2][1-(\eta_r)_3][1-(\eta_r)_4]h_0$$

系统总热效率：

$$(\eta_r)_z = \frac{h_0 - h_1}{h_0} = 1 - \frac{h_1}{h_0}$$

$$(\eta_r)_z = 1 - [1-(\eta_r)_1][1-(\eta_r)_2][1-(\eta_r)_3][1-(\eta_r)_4] \tag{6}$$

式中：$h_0$——分解级出口烟气热焓；

$\qquad h_1$——预热器出口级烟气热焓，即排走废气热焓；

$\qquad \eta_r$——某一级预热器热效率。

由式(6)可知，预热器系统总热效率是由 1 减去各级 $[1-(\eta_r)_i]$ 之连乘积，因为 $[1-(\eta_r)_i] < 1$，系统总热效率随级数增多而提高。连乘积与各单元的排列序次无关。因此各级分离效率排列与预热系统热效率无关。其排列以预热器出口废气中带走粉尘量为依据。

## 3 固气比效应

### 3.1 固气比效应机理

固气比定义为进入系统的物料量与进入系统的气体量之比。

预热器内传热过程无论任何流程均遵循热力学第一定律，即物料吸收热量等于气体放出热量：

$$C_m G_m (t_m - t_{m0}) = C_g G_g (t_{g0} - t_g) \tag{7}$$

$$t_g = t_{g0} - \frac{C_m G_m}{C_g} \cdot \frac{1}{G_g}(t_m - t_{m0}) = t_{g0} - r_h R_{SG}(t_m - t_{m0}) \tag{8}$$

$$t_m = t_{m0} + \frac{C_g}{C_m G_m}(t_{g0} - t_g)G_g = t_{m0} + \frac{t_{g0} - t_g}{r_h R_{SG}} \tag{9}$$

$$\frac{t_{g0} - t_g}{t_m - t_{m0}} = \frac{C_m}{C_g} \cdot \frac{G_m}{G_g} = r_h R_{SG} \tag{10}$$

式中：$C_m$、$C_g$——分别为物料与气体平均比热容；

$G_m$、$G_g$——分别为物料与气体量；

$t_m$——出预热系统物料温度；

$t_{m0}$——物料起始温度，即喂入生料温度；

$t_{g0}$——进入预热器气体初始温度；

$t_g$——传热终止时气体温度，即预热器出口气体温度；

$r_h$——物料与气体平均比热容比；

$R_{SG}$——固气比。

上述系列公式表明出预热系统物料温度 $t_m$ 和预热器出口气体温度 $t_g$ 均与进入预热系统气体量 $G_g$ 成正比，其变化幅度正比于固气比变化幅度。

由于碳酸盐分解是等温过程，因之进入预热器气体初始温度 $t_{g0}$ 为定值，喂入生料温度 $t_{m0}$ 也为设定值，物料量 $G_m$ 为生产要求值，则有 $G_g$、$t_g$、$t_m$ 三个变量，其中 $G_g$ 不仅是气体量，$G_g = \dfrac{h_g}{C_g t_{g0}}$，由于 $t_{g0}$ 为定值，则 $G_g$ 有气体热焓的含意，又是系统固气比的唯一自变量。因此上述系列方程表明 $G_g$ 的改变意味着进入预热系统热焓变化，而且引起系统固气比 $R_{SG}$ 变化，进而导致 $t_g$、$t_m$ 变化，此为固气比效应。不难看出其依据或机理是热力学第一定律。

## 3.2　高固气比与交叉流

根据式(8)：

$$t_g = t_{g0} - \frac{C_m G_m}{C_g} \cdot \frac{1}{G_g}(t_m - t_{m0})$$

$$\delta t_g = \frac{C_m G_m}{C_g}\frac{1}{G_g^2}(t_m - t_{m0})\delta G_g = \frac{C_m G_m}{C_g G_g} \cdot \frac{1}{G_g}(t_m - t_{m0})\delta G_g$$

$$\delta t_g = (t_m - t_{m0})\frac{r_h R_{SG}}{G_g}\delta G_g \tag{11}$$

根据式(9)：

$$t_m = t_{m0} + \frac{C_g}{C_m G_m}(t_{g0} - t_g)G_g$$

$$\delta t_m = (t_{g0} - t_g)\frac{r_h R_{SG}}{G_g}\delta G_g \tag{12}$$

式(11)、(12)表明：降低进入预热系统烟气量 $\delta G_g$，从而提高固气比，其结果是预热系统出口烟气降低和物料温度上升，此即为固气比效应。因此以整体作为研究对象，改变进入预热系统烟气量是产生固气比效应的必要条件。

固气比有系统或整体固气比和局部或个体固气比之分。如进入预热系统气体量 $G_g$ 不变,提高局部预热器的固气比,例如交叉流工艺,按式(11)、(12)。当 $\delta G_g=0$ 时,则 $\delta t_g=0$、$\delta t_m=0$,说明仅改变流程是不可能产生固气比效应。其效果又可以研究对象的界面不同来区分,固气比效应是以预热系统作为研究对象,以系统与外界之间作为界面,而交叉流是以局部的、单个预热器作为研究对象,以单个预热器与外界之间为界面,对象不同、界面不同,其结论不能混淆。

据了解,目前内补燃型余热发电方法补燃后烟气量增加,普遍造成预热器出口烟气温度提高,这是固气比效应的有力佐证。

## 3.3 固气比与预热器出口烟气温度

据朱祖培先生提出预热器出口烟气温度公式:

$$t_g = \frac{[1-(r_hR_{SG})]t_{g0} + [(r_hR_{SG})-(r_hR_{SG})^{n+1}](t_{m0}+\Delta t_{gm})}{1-(r_hR_{SG})^{n+1}}$$

$$t_g = \frac{[1-(r_hR_{SG})]t_{g0}}{1-(r_hR_{SG})^{n+1}} + (t_{m0}+\Delta t_{gm})\frac{(r_hR_{SG})}{1-(r_hR_{SG})^{n+1}} -$$

$$(t_{m0}+\Delta t_{gm})\frac{(r_hR_{SG})^{n+1}}{1-(r_hR_{SG})^{n+1}}$$

$$\delta t_g = \delta\left[\frac{(1-r_hR_{SG})t_{g0}}{1-(r_hR_{SG})^{n+1}}\right] + \delta\left[(t_{m0}+\Delta t_{gm})\frac{(r_hR_{SG})}{1-(r_hR_{SG})^{n+1}}\right] -$$

$$\delta\left[(t_{m0}+\Delta t_{gm})\frac{(r_hR_{SG})^{n+1}}{1-(r_hR_{SG})^{n+1}}\right]$$

$$\delta t_g(1) = \delta\left[\frac{(1-r_hR_{SG})t_{g0}}{1-(r_hR_{SG})^{n+1}}\right]$$

$$= \frac{[1-(r_hR_{SG})^{n+1}](-t_{g0}) - [(1-r_hR_{SG})t_{g0}][(-)(n+1)(r_hR_{SG})^n]}{[1-(r_hR_{SG})^{n+1}]^2} \cdot$$

$$\delta(r_hR_{SG})$$

$$令:\frac{[1-(r_hR_{SG})^{n+1}](-t_{g0}) - [(1-r_hR_{SG})t_{g0}][(-)(n+1)(r_hR_{SG})^n]}{[1-(r_hR_{SG})^{n+1}]^2} = A$$

$$\delta t_g(1) = A\delta(r_hR_{SG})$$

$$\delta t_g(2) = \delta\left[(t_{m0}+\Delta t_{gn})\frac{(r_hR_{SG})}{1-(r_hR_{SG})^{n+1}}\right]$$

$$= (t_{m0}+\Delta t_{gn})\frac{[1-(r_hR_{SG})^{n+1}] - (r_hR_{SG})[(-)(n+1)(r_hR_{SG})^n]}{[1-(r_hR_{SG})^{n+1}]^2} \cdot$$

$$\delta(r_hR_{SG})$$

令：$(t_{m0}+\Delta t_{gn})\dfrac{[1-(r_hR_{SG})^{n+1}]-(r_hR_{SG})[(-)(n+1)(r_hR_{SG})^n]}{[1-(r_hR_{SG})^{n+1}]^2}=B$

$$\delta t_g(2)=B\delta(r_hR_{SG})$$

$$\delta t_g(3)=\delta(-)\left[(t_{m0}+\Delta t_{gn})\dfrac{(r_hR_{SG})^{n+1}}{1-(r_hR_{SG})^{n+1}}\right]$$

$$=(-)(t_{m0}+\Delta t_{gn})\cdot$$

$$\dfrac{[1-(r_hR_{SG})^{n+1}](n+1)(r_hR_{SG})^n-(r_hR_{SG})^{n+1}(-)(n+1)(r_hR_{SG})^n}{[1-(r_hR_{SG})^{n+1}]^2}\cdot$$

$$\delta(r_hR_{SG})$$

令：

$$(-)(t_{m0}+\Delta t_{gn})\cdot$$

$$\dfrac{[1-(r_hR_{SG})^{n+1}](n+1)(r_hR_{SG})^n-(r_hR_{SG})^{n+1}(-)(n+1)(r_hR_{SG})^n}{[1-(r_hR_{SG})^{n+1}]^2}=C$$

$$\delta t_g(3)=C\delta(r_hR_{SG})$$

$$\delta t_g=(A+B+C)\delta(r_hR_{SG})=(A+B+C)r_h\delta R_{SG}$$

$$(A+B+C)r_h=k_{SG(t)}$$

$k_{SG(t)}$ 称为固气比效应温度系数。

下面以第 31 页 6.1 节的例题为例，来计算四、五、六级的温度系数。

$$r_h=\dfrac{C_m}{C_g}=\dfrac{1.022}{1.57}=0.65；R_{SG}=\dfrac{G_{m0}}{G_{g0}}=\dfrac{1.6}{1.33}=1.203$$

$$r_hR_{SG}=0.65\times1.203=0.782$$

$$A=\dfrac{[1-(r_hR_{SG})^{n+1}](-t_{g0})-[(1-r_hR_{SG})t_{g0}][(-)(n+1)(r_hR_{SG})^n]}{[1-(r_hR_{SG})^{n+1}]^2}$$

四级

$$A=\dfrac{[1-0.782^4](-880)-[1-0.782]880[(-)4\times0.782^3]}{[1-0.782^4]^2}$$

$$=\dfrac{(-550.9)-(-367)}{0.3919}$$

$$=(-469)$$

五级

$$A=\dfrac{[1-0.782^5](-880)-[1-0.782]880[(-)5\times0.782^4]}{[1-0.782^5]^2}$$

$$= \frac{(-622.7)-(-358.7)}{0.500\ 6}$$

$$= (-527)$$

六级

$$A = \frac{[1-0.782^6](-880)-[1-0.782]880[(-)6\times 0.782^5]}{[1-0.782^6]^2}$$

$$= \frac{(-678.8)-(-336.6)}{0.594\ 9}$$

$$= (-575)$$

$$B = (t_{m0}+\Delta t_{gm})\frac{[1-(r_hR_{SG})^{n+1}]-(r_hR_{SG})[(-)(n+1)(r_hR_{SG})^n]}{[1-(r_hR_{SG})^{n+1}]^2}$$

四级

$$B = (t_{m0}+\Delta t_{gm})\frac{[1-(r_hR_{SG})^{n+1}]-(r_hR_{SG})[(-)(n+1)(r_hR_{SG})^n]}{[1-(r_hR_{SG})^{n+1}]^2}$$

$$= (70+15)\frac{[1-(0.782)^4]+4(0.782)^4}{[1-(0.782)^4]^2} = (85)\frac{(0.626)+(1.496)}{0.391\ 9}$$

$$= 460$$

五级

$$B = (t_{m0}+\Delta t_{gm})\frac{[1-(r_hR_{SG})^{n+1}]-(r_hR_{SG})[(-)(n+1)(r_hR_{SG})^n]}{[1-(r_hR_{SG})^{n+1}]^2}$$

$$= (70+15)\frac{[1-(0.782)^5]+5(0.782)^5}{[1-(0.782)^5]^2} = (85)\frac{(0.707\ 6)+(1.462)}{0.500\ 6}$$

$$= 368$$

六级

$$B = (t_{m0}+\Delta t_{gm})\frac{[1-(r_hR_{SG})^{n+1}]-(r_hR_{SG})[(-)(n+1)(r_hR_{SG})^n]}{[1-(r_hR_{SG})^{n+1}]^2}$$

$$= (70+15)\frac{[1-(0.782)^6]+6\times(0.782)^6}{[1-(0.782)^6]^2} = (85)\frac{(0.771\ 3)+(1.372)}{0.594\ 9}$$

$$= 306$$

$$C = (-)(t_{m0}+\Delta t_{gm})\cdot$$

$$\frac{[1-(r_hR_{SG})^{n+1}](n+1)(r_hR_{SG})^n-(r_hR_{SG})^{n+1}(-)(n+1)(r_hR_{SG})^n}{[1-(r_hR_{SG})^{n+1}]^2}$$

四级

$$C = (-)(t_{m0} + \Delta t_{gn}) \frac{[1 - (r_h R_{SG})^4](4)(r_h R_{SG})^3 - (r_h R_{SG})^4(-)(4)(r_h R_{SG})^3}{[1 - (r_h R_{SG})^4]^2}$$

$$= (-)(70 + 15) \frac{[1 - 0.782^4] 4 \times 0.782^3 + 4 \times 0.782^7}{(1 - 0.782^4)^2}$$

$$= (-)(85) \frac{1.198 + 0.715}{0.3919} = (-)415$$

五级

$$C = (-)(t_{m0} + \Delta t_{gn}) \frac{[1 - (r_h R_{SG})^5](5)(r_h R_{SG})^4 - (r_h R_{SG})^5(-)(5)(r_h R_{SG})^4}{[1 - (r_h R_{SG})^5]^2}$$

$$= (-)(70 + 15) \frac{[1 - 0.782^5] 5 \times 0.782^4 + 5 \times 0.782^9}{(1 - 0.782^5)^2}$$

$$= (-)(85) \frac{1.323 + 0.5468}{0.5006} = (-317)$$

六级

$$C = (-)(t_{m0} + \Delta t_{gn}) \frac{[1 - (r_h R_{SG})^6](6)(r_h R_{SG})^5 - (r_h R_{SG})^6(-)(6)(r_h R_{SG})^5}{[1 - (r_h R_{SG})^6]^2}$$

$$= (-)(70 + 15) \frac{[1 - 0.782^6] 6 \times 0.782^5 + 6 \times 0.782^{11}}{(1 - 0.782^6)^2}$$

$$= (-)(85) \frac{1.353 + 0.401}{0.5949} = (-251)$$

$$\delta t_g = \delta t_g(1) + \delta t_g(2) + \delta t_g(3)$$

四级

$$k_{SG(t)} = (A + B + C)r_h = [(-469) + (460) + (-415)]0.65 = (-276)$$

五级

$$k_{SG(t)} = (A + B + C)r_h = [(-527) + (368) + (-317)]0.65 = (-309)$$

六级

$$k_{SG(t)} = (A + B + C)r_h = [(-575) + (306) + (-251)]0.65 = (-338)$$

## 3.4　固气比与预热器出口废气热损失

预热器出口热损失：

$$q_f = C_g G_g t_g$$

$$\delta q_f = C_g \left( G_g \delta t_g + t_g \delta G_g \right)$$

$$\delta t_g = k_{SG(t)} \delta R_{SG}$$

$$R_{SG} = \frac{G_m}{G_g}; G_g = \frac{G_m}{R_{SG}}; \delta G_g = -\frac{G_m}{R_{SG}^2} \delta R_{SG}$$

$$\delta q_f = C_g \left( G_g k_{SG(t)} \delta R_{SG} - t_g \frac{G_m}{R_{SG}^2} \delta R_{SG} \right)$$

$$\delta q_f = C_g \left( G_g k_{SG(t)} - t_g \frac{G_m}{R_{SG}^2} \right) \delta R_{SG} = C_g G_g \left( k_{SG(t)} - \frac{t_g}{R_{SG}} \right) \delta R_{SG}$$

令:$k_{SG(f)} = C_g G_g \left( k_{SG(t)} - \frac{t_g}{R_{SG}} \right)$ 为固气比效应热损失系数。

则 $\qquad\qquad\qquad\qquad \delta q_f = k_{SG(f)} \delta R_{SG}$ （13）

以五级预热器为例:$t_g = 325\ ℃$;$R_{SG} = 1.203$;$G_g = 1.384$;$C_g = 1.525$;

$$k_{SG(f)} = 1.525 \times 1.384 \left( -309 - \frac{325}{1.203} \right) = -1\ 222$$

四级预热器时:$t_g = 380\ ℃$;$R_{SG} = 1.203$;$G_g = 1.384$;$C_g = 1.525$;

$$k_{SG(f)} = 1.525 \times 1.384 \left( -276 - \frac{380}{1.203} \right) = -1\ 249$$

六级预热器时:$t_g = 286\ ℃$;$R_{SG} = 1.203$;$G_g = 1.384$;$C_g = 1.525$;

$$k_{SG(f)} = 1.525 \times 1.384 \left( -338 - \frac{286}{1.203} \right) = -1\ 215$$

$(k_{SG(f)})_{av} = -(1\ 222 + 1\ 249 + 1\ 215) \div 3 = -1\ 229$

### 3.5 固气比的累积效应和固气比累积系数

固气比改变的一个特点是具有惯性。当烟气量增加,固气比降低,预热器出口烟气热损失 $\delta q_f$ 提高,熟料欠烧,必须增加燃料,使固气比再次降低。反之热损失降低即热效率提高时,熟料过烧,降低燃料用量,降低烟气量,从而提高固气比,降低预热器出口烟气热损失,使熟料又呈过烧状态,再次降低燃料用量。这是一种连锁效应。这在理论上是连续过程,但其变化过程按目前控制水平,尚不能体现在某一参数建立的数学方程中。其过程目前只能人为地干预,即是步进过程,其过程体现在级数列。

为建立其过程函数关系,首先探求次生热损失 $\delta q_f'$ 与起始热损失 $\delta q_f$ 之间的关系。

令:$\alpha = G_g/q$——单位燃料热产生烟气量系数,$\mathrm{m^3/kJ}$;

$k_{SG(f)} = \delta h_f/\delta R_{SG}$;

$G_{g0}$——预热器入口烟气量,$\mathrm{m^3}$;

$R_{SG}$——固气比;

$q_f$——起始热损失,$\mathrm{kJ}$。

$$\delta R_{SG} = \delta \frac{G_m}{G_g} = G_m \delta \frac{1}{G_g} = -G_m \frac{1}{G_g^2} \delta G_g = -\frac{R_{SG}}{G_g} \delta G_g \, (G_m \text{ 为不变量})$$

$$\delta G_g = \alpha \cdot q_f$$

$$\delta R_{SG} = -\frac{R_{SG}}{G_g} \delta G_g = -R_{SG} \frac{\alpha \cdot q_f}{G_g}$$

$$\delta q'_f = k_{SG(f)} \times \delta R_{SG} = -k_{SG(f)} R_{SG} \frac{\alpha \cdot q_f}{G_g} = -\frac{\alpha \cdot k_{SG(f)}}{G_g} R_{SG} q_f$$

$$\frac{\delta q'_f}{q_f} = -\frac{\alpha \cdot k_{SG(f)}}{G_g} R_{SG} \tag{14}$$

等式之右侧除了 $R_{SG}$、$G_g$ 在过程中稍有微量变化外均为常数,则 $\alpha \cdot k_{SG(f)} \dfrac{R_{SG}}{G_g}$

可近似于常数,因此可令:$a = \alpha \cdot k_{SG(f)} \dfrac{R_{SG}}{G_g}$,即:$\delta h_f = -a h_f$。

依次是:　　$\delta h'_f = a \delta h_f = a^2 h_f$;$\delta h''_f = a \delta h'_f = a^3 \delta h_f = \cdots$

$$\sum h_f = h_f + a h_f + a^2 h_f + a^3 h_f + a^4 h_f + \cdots$$
$$= h_f(1 + a + a^2 + a^3 + a^4 + \cdots) \tag{15}$$

由于 $0 < a < 1$,上式为收敛几何级数:

因此:　　　　　　　　　$\sum h_f = h_f \dfrac{1}{1-a}$ 　　　　　　　　　(16)

式中 $\dfrac{1}{1-a} = k_a$ 称为固气比效应累积系数。

以五级预热器为例:

$\alpha = 0.000\,316$;$k_{SG(f)} = 788$;$G_g = 1.33$;$R_{SG} = 1.203$ 时:

$$a = 0.000\,316 \times 788 \times 1.203 \div 1.33 = 0.225$$

$$k_a = \frac{1}{1 - 0.225} = 1.3$$

必须指出固气比是一个组合参数 $\dfrac{G_m}{G_g}$,由于物料量是固定的,只有通过气体量的改变($\delta G_g$)才能改变($\delta R_{SG}$),可以说($\delta G_g$)是自变量,是"源头",($\delta R_{SG}$)是因变量,是结果。同时也应指出,首次提高固气比取得效果后,仅是有可能降低燃料用量,降低烟气量,进一步提高固气比,才能进一步降低废气热损失 $\delta q'_f$,如果不降低燃料用量,其过程随之终止。在目前控制水平条件下不能自行改变,必须人为干预。就是说其累积过程也是非自发的。

在一定条件下 $\delta q_f$ 与 $\delta R_{SG}$ 成正比关系,比例系数 $a$ 与式(16)相同,因此同样有:

$$\sum \delta R_{SG} = \delta R_{SG}(1 + a + a^2 + a^3 + \cdots) = \delta R_{SG}\left(\frac{1}{1-a}\right) \tag{17}$$

在现有的生产条件下,提高固气比的途径是降低单位熟料的气流量。降低单位熟料气体量,主要是控制过剩空气量、降低漏风量,及降低各种热损失,其派生的效果是降低燃料消耗量,降低烟气量从而提高固气比。

## 4　漏风

漏风的直接恶果是降低烟气的㶲值,间接的负作用是增加废气量,降低了固气比,降低预热器热效率,降低旋风筒分离效率,从而降低预热器热效率。降低漏风不容忽视。

## 5　结语

(1)旋风筒的分离效率的作用是积极的,但要注意旋风筒低部漏风,防止分离效率降低。分离效率虽能提高各级热效率,但不同分离效率的序次,不影响系统的总热效率。因此,各级分离效率值的配置,应以预热器出口排出含尘量为依据。

(2)固气比对提高预热器热效率的作用相当重要,提高的手段是控制合理的过剩空气量,减少漏风。

(3)在现有的生产条件下提高固气比,是一系统工程,需要下大力气,但其潜力不容忽视,人们期望有新的突破。

# 推动篦式冷却机的热回收率及热空气温度

水泥生产技术已取得举世瞩目的进步,体现在回转窑系统的热利用系数 $U = \dfrac{q_z - q_f}{q_z}$ (式中 $q_z$ 为进入系统总热焓,$q_f$ 为预热器出口废气热焓)已高达 0.85 以上,水泥产品的能量消耗之低已居众多工业之前列。

这些成绩的取得有赖于高效旋风预热器的开发(为增加级数提供条件)及高效推动篦式冷却机的开发。水泥产品能耗的进一步降低,节能潜力仍然在生料预热和熟料冷却。

提高系统热利用系数在生料预热方面理论上的主要手段有二:

一是增加预热器级数,目前最多级数已达六级,继续增加面临的问题之一是增加塔架高度,增加投资,增加物料提升电耗;问题之二是由于废气温度降低,影响余热发电效果。

二是提高固气比,固气比为进入系统的物料量与烟气量之比,物料量由生产能力决定,烟气量主要决定于燃料产生的烟气量,并与过剩空气系数和漏风有关。在现有装备的情况下能动性非常有限。

由于预热系统热效率提高,降低熟料热耗,降低助燃空气量,不利于冷却机热回收率。这是提高预热系统效率面对的事实。

在熟料冷却方面,提高冷却机热回收率,不仅可降低熟料热耗,而且降低烟气量可提高预热器的固气比。

因此,人们寄希望于提高冷却机热回收率。

本文试就推动篦式冷却机提高热回收率的潜力进行分析。

篦式冷却机热回收率 $\eta$ 主要体现在热空气温度 $t_a$,这两者为函数关系 $t_a = f(\eta)$,函数 $t_a = f(\eta)$ 的确定有两种途径。

## 1. 途径一(热平衡法)

按高温熟料释放热等于空气吸收热

$$\Delta q_{cl} = \Delta q_a$$

1 kg 熟料需要的助燃空气量:

$$G_a = \alpha \times q_h \times v_k^{\gamma} \times a_2$$
$$= 1.15 \times 750 \times 4.186\,8 \times 0.267 \times 10^{-3} \times 0.85$$
$$= 0.82\,(\mathrm{m^3/kg})_{cl}$$

式中：$\alpha = 1.15$——过剩空气系数；

$q_h = 750 \times 4.186\,8$——热耗（kJ/kg）；

$v_k^{\gamma} = 0.267$——每产生 1 kJ 热量之燃料所需空气量（m³/kJ）；

$a_2 = 0.85$——二次空气比例。

助燃空气吸热量：

$$\Delta q_a = C_a G_a \Delta t_a$$

空气平均比热容：

$$C_a = 1.286\,5 + 0.000\,12 t_a\,\mathrm{kJ/(m^3 \cdot ℃)}$$
$$\Delta q_a = (1.286\,5 + 0.000\,12 t_a) \times 0.82 \times t_a = 1.055 t_a + 0.000\,098\,4 t_a^2$$
$$\Delta q_a = \Delta q_{cl}$$
$$1.055 t_a + 0.000\,098\,4 t_a^2 = \Delta q_{cl}$$
$$t_a = \frac{-1.055 \pm \sqrt{1.055^2 + 4 \times 0.000\,098\,4 \times \Delta q_{cl}}}{2 \times 0.000\,098\,4}$$

冷却机热回收率 $\eta$ 与熟料释放热 $\Delta q_{cl}$ 的关系式为：

$$\Delta q_{cl} = (q_{cl})_0 \times \eta$$

式中 $(q_{cl})_0$ 熟料在温度为 1350℃时的热焓：

$$(q_{cl})_0 = c_{cl} \times t_{cl} = 1.043 \times 1\,350 = 1\,408\,(\mathrm{kJ/kg})$$

求得冷却机热回收率 $\eta$ 与对应的热空气温度 $t_a$ 的关系，如表 1 所示：

表 1　冷却机热回收率 $\eta$ 与对应的热空气温度 $t_a$ 的关系表

| $n$ | 1 | 2 | 3 | 4 | 5 | 6 | 7 | 8 | 9 | 10 |
|---|---|---|---|---|---|---|---|---|---|---|
| $\eta$ | 0.95 | 0.9 | 0.85 | 0.8 | 0.75 | 0.7 | 0.65 | 0.6 | 0.55 | 0.5 |
| $t_a$/℃ | 1 146 | 1 090 | 1 035 | 978 | 922 | 865 | 807 | 749 | 689 | 630 |

建立热空气温度 $t_a$ 与冷却机热回收率 $\eta$ 的函数方程式：$t_a = a_0 + a_1 \eta + a_2 \eta^2$，以最小二乘法进行回归。

$$\sum a_0 + \sum \eta a_1 + \sum \eta^2 a_2 = \sum t_a$$
$$\sum \eta a_0 + \sum \eta^2 a_1 + \sum \eta^3 a_2 = \sum t_a \eta$$
$$\sum \eta^2 a_0 + \sum \eta^3 a_1 + \sum \eta^4 a_2 = \sum t_a \eta^2$$

解得：$a_0 = 99$；$a_1 = 1\,042$；$a_2 = 67$

$$t_a = 99 + 1\,042\eta + 67\eta^2 \tag{1}$$

## 2. 途径二(平均温度法)

推动篦式冷却机的空气可视为由无数微分股空气组成,各微分股空气以并流方式通过料层,由于熟料温度沿着前移方向逐步降低,通过的空气温度亦随之降低,而且空气仅有一次与熟料换热过程,换热后温度不再提高,空气温度随着熟料前移方向逐步降低,空气最终温度是由温度较低热空气与温度较高热空气的混合温度决定的,即平均温度。设各微分股空气温度按前移方向为直线关系,因此平均温度为起始端 $(t_a)_1$ 与末端 $(t_a)_2$ 的算术平均值,即 $t_a = \dfrac{(t_a)_1 + (t_a)_2}{2}$。冷却机热回收率 $\eta$ 与热空气温度 $t_a$ 的对应关系,见表2。

由于空气通过料层速度快,熟料表面的气膜薄,热阻小,即熟料与空气的温度差小,设空气温度 $t_a$ 等于熟料温度 $t_{cl}$,即 $t_a = t_{cl}$ 。

**表 2　有关参数表**

| $n$ | 1 | 2 | 3 | 4 | 5 | 6 | 7 |
|---|---|---|---|---|---|---|---|
| $\eta$ | 0.943 | 0.881 | 0.815 | 0.745 | 0.674 | 0.599 | 0.524 |
| $t_a$/℃ | 725 | 775 | 825 | 875 | 925 | 975 | 1 025 |

按最小二乘法进行回归,得出下列方程：

$$t'_a = 1\,223 - 204\eta - 348\eta^2 \tag{2}$$

在实际运行中热空气温度必须同时符合两种途径的条件,是方程(1)与方程(2)在直角坐标图上的相交点(见图1)。其值可由方程(1)与方程(2)联立解得。

$$\begin{cases} t_a = 99 + 1\,042\eta + 67\eta^2 \\ t'_a = 1\,223 - 204\eta - 348\eta^2 \end{cases}$$

$$t_a = t'_a$$

$$415\eta^2 + 1\,246\eta - 1\,124 = 0$$

$$\eta = \frac{-1\,246 \pm \sqrt{1\,246^2 + 4 \times 415 \times 1\,124}}{2 \times 415} = 0.726$$

$$t_a = 99 + 1\,042 \times 0.726 + 67 \times 0.726^2 = 890(℃)$$

注:上述联立解得数值是在入冷却机熟料温度1 350℃,熟料热耗750×4.186 8 kJ,

过剩空气系数 1.15,无表面热损失的条件下的极限值,仅供参考。

这个结果说明在一定的条件下箅式冷却机热回收率和热空气温度仅有一个固定的极限值,这是因为热回收率继续提高后空气吸收热必然向冷端方向扩展,由于温度较低的热空气与温度较高的热空气混合,导致平均温度降低,为吸收更多热量,必然要增加空气需要量,才能容纳所增加的热量,即提高热回收率必须通过提高助燃空气量、过剩空气系数来实现。当过剩空气系数 $\alpha = 1.25$ 时,助燃空气量:

$$
\begin{aligned}
G_a &= \alpha \times q_h \times v_k^\gamma \times a_2 \\
&= 1.25 \times 750 \times 4.186\,8 \times 0.267 \times 10^{-3} \times 0.85 \\
&= 0.89\,(\mathrm{m^3/kg})_{cl}
\end{aligned}
$$

$$
\begin{aligned}
\Delta q_a &= C_a \times G_a \times \Delta t_a \\
&= (1.286\,5 + 0.000\,12\Delta t_a) \times 0.89 \times \Delta t_a \\
&= 1.145\Delta t_a + 0.000\,1\Delta t_a^2
\end{aligned}
$$

$$
\Delta q_{cl} = \Delta q_a
$$

$$
\Delta t_a = \frac{-1.145 \pm \sqrt{1.145^2 + 4 \times 0.000\,1\Delta q_a}}{2 \times 0.000\,1}
$$

按最小二乘法进行回归,得出下列方程:

$$
t_a = 96 + 953\eta + 78\eta^2 \tag{1'}
$$

在实际运行中的热回收率 $\eta$ 和热空气温度 $t_a$:

$$
\begin{cases}
t_a = 96 + 953\eta + 78\eta^2 \\
t'_a = 1\,233 - 204\eta - 348\eta^2
\end{cases}
$$

$$
t_a = t'_a
$$

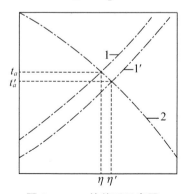

**图1  $\eta - t_a$ 的关系示意图**

图中:1,1′线代表第一种途径;2线代表第二种途径

$$426\eta^2 + 1\,157\eta - 1\,137 = 0$$

解得：$\eta' = 0.766$；$t_a' = 873℃$

　　上述结果说明提高过剩空气系数后,热回收率从 0.726 提高到 0.766,但热空气温度从 890℃ 降至 873℃。由于增加了烟气量,降低了预热器固气比,增加了预热器出口烟气的热损失,因此提高过剩空气系数就失去了实际意义。

　　同时表明现有的推动箅式冷却机存在固有的缺陷,这种情况是难以避免的,要提高热空气温度是非常困难的,几乎是不可能的。

# 新型干法回转窑的窑型和热利用系数*

**摘要**：根据新型干法窑热利用系数的概念，以传热量的理论推导为基础，将窑型与其传热能力相结合，阐述了两支点窑的等效窑型的确定方法及其现实意义。

**关键词**：传热量；热利用系数；等效窑型；窑型模数；窑长；窑径；两支点窑

## 0  前  言

曾一度出现两支点窑（俗称超短窑），备受关注，新疆、山西各引进一条生产线，其生产能力达不到预期效果而夭折。究其原因是理论根据有误，忽视预分解窑的传热能力，认为回转窑筒体的功能除发热之外，仅是化学反应器，由于新型干法窑煅烧温度高，反应速度快，因而可以缩短窑筒体长度而不影响生产能力。两支点窑在机械性能上有其特有优点，值得肯定。为使不降低传热能力，以等效的方法求得等效窑型的规格，从而既能有相同的生产能力，又具有机械性能上的优点。

新型干法窑在技术上三大特征：

（1）采用悬浮技术，使气固两相保持密切接触，从而加速了低温下的传热速率，使窑的热效率大为提高，显著降低热耗。

（2）回转窑只承担高温辐射传热任务。由于热耗降低，二次风温度高，火焰温度也较高，烧成速度提高，可以提高窑的回转速度，降低物料填充率，使黏性物料不断高速翻滚前进，保证了受热均匀。此外，高的窑速，缩短窑皮暴露在高温下的时间，保护了窑皮，为提高熟料烧结温度提供条件，有利于提高熟料的质量。

（3）可以在系统中加第二个热源，克服了回转窑发热能力受限的缺陷，使部分碳酸盐分解反应移到回转窑以外，从而使水泥窑的单机能力成倍提高。为进一步扩大水泥生产规模创造了条件。

以上技术特征，使新型干法窑发展成为水泥生产的主导窑型。

## 1  回转窑的传热量

根据长期生产实践的统计分析，中空回转窑的生产能力 $G = K_G \cdot L \cdot D_i^{1.5}$。因

---

* 原发表于《新世纪水泥导报》1999年卷5第3期。

传热量正比于产量，$Q_K = q_{cl} \cdot G$，因此，$Q_K = K_Q \cdot L \cdot D_i^{1.5}$。其中 $L \cdot D_i^{1.5}$ 可视为回转窑的几何传热能力，或称之为传热单元。但该式只考虑了窑的规格，而未反映窑内温度这个对传热十分重要的因素。为了正确体现新型干法窑的传热情况，应按辐射传热方程式计入温度因素，即

$$Q_K = \varepsilon D_i^{1.5} \int_{L_0}^{L} (T_g^4 - T_m^4) \, \mathrm{d}L \tag{1}$$

窑内某一点的气流温度 $T_g$ 和物料温度 $T_m$ 与该点在窑内所处的位置有关，即 $T_g$ 和 $T_m$ 是该点与起始点（热端 $L_0$）的距离 $L$ 的函数，可写成 $T_g = f(L)$ 和 $T_m = f(L)$。在新型干法回转窑内，气流和物料温度沿窑长方向的变化，接近直线关系，如图 1 所示。

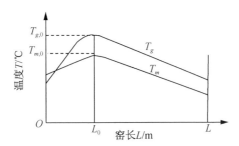

**图1　新型干法回转窑内温度沿窑长变化的曲线**

在同一台窑内，可用窑型模数 $M_K = L/D_i^{1.5}$ 代替窑的长度，即 $T_g = T_{g0} - \alpha L/D_i^{1.5}$，$T_m = T_{m0} - \beta L/D_i^{1.5}$。将 $T_g$ 和 $T_m$ 代入式(1)，可得：

$$Q_K = \varepsilon D_i^{1.5} \int_{L_0}^{L} \left[ (T_{g0} - \alpha L/D_i^{1.5})^4 - (T_{m0} - \beta L/D_i^{1.5})^4 \right] \mathrm{d}L \tag{2}$$

对上式积分，并化简可得：

$$Q_K = K_Q L D_i^{1.5} (1 - k M_K) = K_Q (L D_i^{1.5} - k L^2) \tag{2'}$$

式中：$Q_K$——回转窑内传热量(kJ/h)；

　　　$K_Q$——传热量系数，$K_Q = (T_{g0}^4 - T_{m0}^4) K_0$，$K_Q = q_{cl} \cdot G$，$G$——产量(t/h)；

　　　$q_{cl}$——生成单位熟料需要吸收的热量(kJ/kg)；

　　　$k$——运行系数，与窑的煅烧热力强度有关，$k = 2 \dfrac{\alpha T_{g0}^3 - \beta T_{m0}^3}{T_{g0}^4 - T_{m0}^4}$；

　　　$M_K$——窑型模数，$M_K = L/D_i^{1.5} = L D_i^{1.5}/D_i^3$，其物理涵义为回转窑的几何传热能力与几何发热能力之比。

## 2 系统热利用系数

以系统热利用系数 $U$ 的概念评价预热、预分解窑的传热特性。系统热利用系数 $U$ 是指热气流中热量被系统利用的程度。定义为系统实际传热量与最大可能传热量之比。根据热平衡,全系统实际传热量 $Q$ 为系统热气流总热量 $Q_z$(也就是系统的最大可能的传热量)与系统出口废气带走的热量 $Q_f$ 之差,$Q = Q_z - Q_f$(不计系统内可能存在的热损失,如表面热损失量)。

因此, $$U = Q/Q_z = (Q_z - Q_f)/Q_z \tag{3}$$

回转窑筒体也有热利用系数 $U_K$,也是窑内实际传热量 $Q_K$ 与最大可能传热量 $Q_{K,\max}$ 之比。

$$U_K = Q_K/Q_{K,\max} = Q_K/Q_z \tag{4}$$

回转窑内实际传热量 $Q_K$,随着窑长的延伸而增加,当延伸到某一极限长度时,窑内传热量也达到最大值 $Q_{K,\max}$。

按式(2′),最大传热量可计算如下:

$$\frac{\mathrm{d}Q_K}{\mathrm{d}L} = \frac{\mathrm{d}\left[K_Q(LD_i^{1.5}) - kL^2\right]}{\mathrm{d}L} = 0$$

即 $D_i^{1.5} - 2kL = 0$,或 $L = D_i^{1.5}/2k$ 将该值代入式(2′),

可得: $$Q_{K,\max} = K_Q \cdot D_i^3/2k \tag{5}$$

式中,$D_i^3$ 是窑的发热能力的几何表征;运行系数 $k$ 与窑的燃烧热力强度有关,因此,$D_i^3/k$ 是回转窑发热能力的表征。$Q_{K,\max}$ 实际就是系统内热气流的总热量 $Q_z$(包含二次空气的显热量)。因此,由式(4)和式(5)可得:

$$U_K = \frac{Q_K}{Q_{K,\max}} = \frac{Q_K}{Q_z} = 1 - (1 - 2k \cdot M_K)^2 \tag{6}$$

$$Q_K = Q_z - (1 - 2kM_K)^2 Q_z \tag{7}$$

式(7)的后一项就是回转窑窑尾烟气中的热量 $Q_{f,K}$,

即: $$Q_{f,K} = Q_z - Q_K = (1 - 2kM_K)^2 Q_z \tag{7′}$$

$Q_{f,K}$ 体现了热气流中总热量在预热器和回转窑之间的分配情况。

全系统的实际传热量 $Q$ 是由回转窑内传热量 $Q_K$ 和预热器内传热量 $Q_{SP}$ 构成,即 $Q = Q_K + Q_{SP}$,传热量的分配情况又反映在物料受热情况上。令 $q_{cl}$ 为形成单位熟料所需吸收的热量。它同样由窑内需要的热量和预热器内需要的热量所构成。$q_{cl}=q_k+q_{SP}$，但依物料受热情况，$q_{cl}$ 大致由三部分组成：

$q_1$——物料从常温预热到碳酸盐分解时所需热量；

$q_2$——碳酸盐分解需要的热量；

$q_3$——分解后物料升温到烧结温度时所需热量。

$q_{cl}=q_1+q_2+q_3$

令 $q_1=aq_{cl}$，$q_2=bq_{cl}$，$q_3=(1-a-b)q_{cl}$

由于碳酸盐分解在一定 $CO_2$ 分压下是等温过程，入窑物料温度是一固定值，因而物料在预热器内需要的热量 $q_{SP}$ 与入窑物料实际分解率 $e_t$ 有关。

因此：$q_{SP}=q_1+e_tq_2=(a+be_t)q_{cl}$，

也就是：$q_k=q_{cl}-q_{SP}=[1-(a+be_t)]q_{cl}$；$\dfrac{q_k}{q_{cl}}=1-a-be_t$，

由于：$Q_K=G\cdot q_k$；$Q=G\cdot q_{cl}$；$G$ 为产量(t/h)，

则：
$$Q_K/Q=q_k/q_{cl}=1-(a+be_t) \tag{8}$$

对于预分解窑，在预热系统内引入第二个热源。设回转窑内的燃料用量与总燃料量之比为 $r$，则分解炉的燃料用量与总热量之比为 $1-r$。由于预分解窑的单位熟料废气带走的热量 $q_f$ 与预热器窑是相同的，两者的热耗也相等。预分解窑热气流中总热量近似地为预热器窑的 $1/r$，即 $\dfrac{(Q_z)_{SP}}{(Q_z)_{NSP}}=r$，从式(8)可得：

$$\frac{(Q_z)_{SP}}{(Q_z)_{NSP}}=\frac{1-a-b\,(e_t)_{NSP}}{1-a-b\,(e_t)_{SP}}=r \tag{9}$$

根据现有预热器窑数据可求出 $U_K$ 在 $0.4\sim0.5$ 之间，采用悬浮预热器后，全系统的热利用系数 $U$ 不论大小窑一般可提高到 $0.8$ 以上。可根据 $U_K$ 按式(6)反求运行系数 $k=\dfrac{1-\sqrt{1-U_K}}{2M_K}$。$k$ 值在 $0.014$ 左右。

# 3 窑型

窑型指回转窑的长短度，通常用 $L/D_i$，$D_i$ 为筒体内径，或公称直径来表示。但它仅能表示回转窑的几何情况，未能反映窑内的状况。当窑径不同而 $L/D_i$ 相同时，窑与预热器之间的烟气温度随之不同，因此它仅适用于某一窑径范围。由式 $(7')$ 可知，$Q_{f,K}=(1-2kM_K)^2Q_z$ 窑尾烟气中的热量是窑型模数 $M_K$ 的函数，用 $M_K$ 来表示窑的长短度更为合理。

在前一节中，曾给出预热器窑的回转窑内最大可能传热量 $Q_{K,max}$ 就是热气流

中的总热量为 $Q_z = K_Q D_i^3 / 4k$。对于同一直径的窑,用作预热器窑时,其发热能力仍不变,因此,热气流中总热量也相同,即同样有 $Q_z = K_Q \cdot D_i^3 / 4k$,而预热器窑的全系统转热量之所以能高出窑的最大传热量是由于系统热利用系数的提高。因此预热器窑的生产能力可表达为:

$$G_{SP} = \frac{Q}{q_{cl}} = K_G \frac{D_i^3}{4k} \cdot U(t/h) \tag{10}$$

从该式可以看出,预热器窑的生产能力 $G_{SP}$ 决定于窑的直径、全系统热利用系数 $U$ 和运行系数 $k$,其中直径是主要因素。式(10)的物理意义为:预热器窑的生产能力正比于热气流总热量中被系统利用的热量。该式无窑的长度因素,说明在正常条件下,预热器窑的生产能力与窑长度无关。这是因为窑的长度或窑型模数虽与窑热利用系数 $U_K$ 有关,但不影响全系统热利用系数 $U$。因为 $U_K$ 仅表示传热量在窑与预热器的分配情况,但由于物料出预热器第一级后入窑时已部分分解,因此,该级又称分解级。碳酸盐分解在一定的 $CO_2$ 分压下是等温过程,该级出口气体温度不受窑尾烟气温度影响,因而该级在回转窑与预热器之间可起缓冲调节作用,对预热器的热工制度也起到稳定作用。这是多级预热器的重要特性。只要窑尾烟气提供的热量不超过全部物料分解所需热量,分解级都能予以吸收,并保持分解级出口气体温度不变,出预热器废气温度也不变,全系统热利用系数 $U$ 也因而保持不变。此时,全系统的传热量仅决定于气流中的总热量 $Q_z$。因此预热器回转窑筒体的发热能力是其生产能力的控制因素。同时,由于多级旋风预热器出口废气温度主要取决于级数的多少,当级数一定时,全系统热利用系数 $U$ 基本是定值。因此,在一般情况下回转窑长度或窑型模数不影响预热器窑的生产能力。

基于上述分析,预热器窑有条件在不降低生产能力下缩短窑的长度,从而可以采用两支点的短回转窑。两支点结构属于静定结构,它不仅可减轻窑体重量,节省投资,而且更便于安装和找正,还可使窑免于因多点支撑,当基础沉降不均时,造成支撑反力和筒体应力加大而引起筒体变形,从而有利于延长窑的衬砖和有关机件的寿命,并提高窑的运转率。

确定窑长的依据是先设定预热器窑的入窑物料分解率 $e_t$ 和系统热利用系数 $U$。现举例说明如下:

设窑的直径为 4 m,设预热器入窑物料实际分解率 $(e_t)_{SP}$ 为 0.4,要求系统热利用系数 $U$ 为 0.85,运行系数 $k = 0.014$,根据实际生产数据可取 $a = 0.347, b = 0.512$。

$$q_k / q_{cl} = 1 - a - b(e_t)_{SP} = 0.448$$
$$U_K = (q_k / q_{cl}) \times U = 0.448 \times 0.85 = 0.381$$

$$M_K = \frac{1 - \sqrt{1 - U_K}}{2k} = \frac{1 - \sqrt{1 - 0.381}}{2 \times 0.014} = 7.61$$

$$L = M_K \cdot D_i^{1.5} = 7.61 \times 3.6^{1.5} = 52(\text{m})$$

对于预分解窑,情况有所不同,尽管出回转窑的烟气温度与预热器窑基本相同,但若窑的筒体过短,窑的热利用系数 $U_K$ 将降低,使出窑烟气中热量增多,不利于提高分解炉的燃料用量,使系统总的发热能力受到限制,从而限制了预分解窑的生产能力。此外,预分解窑的单位容积产量较高,若回转窑的长度不足,将受窑的传热能力不足的限制,因此,预分解窑的生产能力,除受分解炉能力的控制外,回转窑的传热几何能力也是控制因素。

预分解窑增加分解炉后,其发热能力已得到扩展,其传热单元已成为产能控制因素,由于从回转窑的传热单元 $L \cdot D_i^{1.5}$ 来看,$D_i$ 对传热的影响大于 $L$,为保持相同的传热几何能力,可适当扩大窑径来补偿由于窑长缩短而造成的影响,等效条件是传热单元 $L \cdot D_i^{1.5}$ 数量相同,长径比 12.5。计算扩大窑径的等效方程式为:

$$L_e = 12.5D_{0e} \quad L_e D_{ie}^{1.5} = \beta = LD_i^{1.5}$$

式中:$D_{0e}$、$D_{ie}$——等效窑的外径和内径(m);

$L_e$——等效窑的长度(m)。

举例计算如下:

设原型窑为 $\phi 4 \text{ m} \times 60 \text{ m}$,$L = 60 \text{ m}$,$D_0 = 4 \text{ m}$,$D_i = 3.6 \text{ m}$

$$L_e = \alpha D_{0e} \qquad L_e D_{ie}^{1.5} = \beta$$

$$D_0 = D_i + b, b = 0.4 (\text{耐火砖厚度 } 0.2 \text{ m})$$

$$\alpha = 12.5, \beta = 60 \times (4 - 0.4)^{1.5} = 409.8$$

$$L_e = \alpha D_{0e} = 12.5(D_{ie} + 0.4) = 12.5D_{ie} + 5$$

$$L_e D_{ie}^{1.5} = (12.5D_{ie} + 5)D_{ie}^{1.5} = 12.5D_{ie}^{2.5} + 5D_{ie}^{1.5} = 409.8$$

$$D_{ie} = 3.88(\text{m}), D_{0e} = 3.88 + 0.4 = 4.28(\text{m})$$

$$L_e = 12.5 \times 4.28 = 53.5(\text{m})$$

等效窑的规格为 $\phi 4.28 \text{ m} \times 53.5 \text{ m}$。

系统总发热能力 $D_i^3/r$ 的比较:

原型窑 $\phi 4 \text{ m} \times 60 \text{ m}$

$$(e_t)_{\text{SP}} = \frac{1 - a - U_K/U}{b}, U_K = 1 - (1 - 2kM_K)^2$$

$$M_K = L \div D_i^{1.5} = 60 \div 3.6^{1.5} = 8.78$$

$$U_K = 1 - (1 - 2kM_K)^2 = 1 - (1 - 2 \times 0.014 \times 8.78)^2 = 0.431$$

$$(e_t)_{SP} = \frac{1-a-U_K/U}{b} = \frac{1-0.347-0.431/0.85}{0.512} = 0.285$$

$$r = \frac{1-a-b(e_t)_{NSP}}{1-a-b(e_t)_{SP}} = \frac{1-0.347-0.512 \times 0.85}{1-0.347-0.512 \times 0.285} = 0.43$$

$$D_i^3/r = 3.6^3/0.43 = 108.6$$

等效型窑 $\phi 4.28 \text{ m} \times 53.5 \text{ m}$

$$M_K = 53.5 \div 3.88^{1.5} = 7$$

$$U_K = 1-(1-2kM_K)^2 = 1-(1-2 \times 0.014 \times 7)^2 = 0.354$$

$$(e_t)_{SP} = \frac{1-a-U_K/U}{b} = \frac{1-0.347-0.354/0.85}{0.512} = 0.462$$

$$r = \frac{1-a-b(e_t)_{NSP}}{1-a-b(e_t)_{SP}} = \frac{1-0.347-0.512 \times 0.85}{1-0.347-0.512 \times 0.462} = 0.523$$

$$D_i^3 = 3.88^3 = 58.4$$

$$D_i^3/r = 58.4 \div 0.523 = 111.6$$

虽然等效型窑筒体直径加大,但窑筒体热利用系数降低,燃料比 $r$ 提高,系统总发热能力 $D_i^3/r$ 基本一致,说明通过等效后,生产能力的控制因素仍然是传热能力。同时说明等效窑型不仅可以与原型窑具有相同的传热能力,而且具有相同的总发热能力 $D_i^3/r$,并可降低窑的热力强度,有利于延长衬砖的使用寿命。

# 4  预分解两支点窑系列及生产能力

纵观干法水泥窑的演变,从中空干法窑(DB 窑)、半干法窑(立波尔窑 LB 窑)、预热器窑(SP 窑)到 20 世纪 70 年代末的预分解窑(NSP 窑),技术进步是飞跃的。之后虽有沸腾炉研究的报道,但未见其进展,实现工业化,直至目前将近四十年内,在技术上未有实质性突破。

水泥生产工艺的技术进步是通过新装备开发实现的,装备服从生产工艺、为实现新的生产工艺提供物质基础。但通过生产工艺的进步实现装备的技术进步,却被忽略。

湿法窑由于长径比大,采用多支点结构,干法窑由于长径比小,大都采用三支点,但仍然属超静定结构,由于窑筒体不可避免地变形,致使支点(托轮)反力呈周期性变化,设计的安全系数较大,同时对运行带来不确定性。

曾出现过预分解两支点窑,其突出优点不仅是设备简单,窑筒体直径 $D$ 与传热单元($LD_i^{1.5}$)的关系为 1.5 次方成正比,而窑筒体直径 $D$ 与设备重量的关系仅为 1 次方成正比,为保持同样的传热能力,长度缩短幅度大于直径增大,从而减轻设备重量。在设备结构上系"简支梁",属静定结构,支点(托轮)反力稳定,有利于安全运转。建设占地面积小。新疆、山西各引进一条生产线,由于未达到"预期"的效果,两支点窑得不到支持,使该新工艺被扼杀于摇篮之中。因此,有必要对两支点窑的热力特性进行研究,进而探讨其生产能力,为开发预分解两支点窑提供理论支持。

凡是设备均有系列化产品,水泥窑也不例外。原北京水泥设计院朱祖培、余裕嘉先生曾撰文论述水泥湿法窑系列问题,认为上海水泥厂的 $\phi 2.5 \text{ m} \times 48 \text{ m}$ 湿法窑属于华新窑的系列。

带余热锅炉的干法窑(DB)系列。窑筒体出口烟气温度相同是其共性,而出口烟气温度是窑型模数 $M_K$ 的函数,因此带余热锅炉的干法窑系列的共同点应是窑型模数相同。

立波尔窑(LB)系列。笔者曾于20世纪60年代收集过德国、美国部分公司的立波尔窑系列规格,各自的共性均是长度与直径的关系 $L/D_i^{1.5}$(窑型模数)相同,仅两家公司的 $L/D_i^{1.5}$(窑型模数)数值不同,另有共同点是窑筒体的 $LD_i^{1.5}$(几何传热能力)与加热机的篦床面积 $F$ 之比是常数,$LD_i^{1.5}/F=k$,仅两家的比值 $k$ 不同。

预热器窑(SP)系列。其共性应是窑筒体与预热系统的边界条件烟气温度相同,烟气温度是窑型模数 $M_K$ 的函数,因之其系列共同点应是窑型模数 $M_K$ 相同。因为其生产能力与窑筒体长度无关,即与窑型模数无关,因此 $M_K$ 也有多种选择,即有不同的系列。

预分解窑(NSP)系列。其共同点是 $r$ 相同,即其系列的共同点应是窑型模数 $M_K$ 相同。窑筒体的传热能力体现在传热单元 $LD_i^{1.5}$ 的数值,相同的传热单元时,$L$ 与 $D$ 呈双曲线关系,因而 $D$ 有多种选择,$M_K$ 也有多种选择,即有不同的系列。

上述窑型的系列共性均是窑型模数 $M_K$ 相同。而两支点窑的特点是窑型模数 $M_K$ 是变值,而长径比相同,因此,其系列标志应是长径比。

笔者在《旋风预热与预分解窑的热力特性及生产能力》一文中,对预热器窑与预分解窑的生产能力进行论述,预热器窑生产能力的控制因素是发热能力,其生产能力与窑筒体长度无关,而预分解窑由于增加分解炉,大幅度提高发热能力,控制因素由发热能力转移至传热能力。按此观点,预热器窑缩短窑筒体长度不影响生产能力,最有条件采用两支点窑,无需对传热几何能力作任何补充。预分解窑采用两支点窑,由于传热几何能力减小,势必增大窑筒体直径以补偿。窑筒体直径增大后,提高了窑筒体的发热能力,然而窑型模数降低致使 $r$ 增大,分解炉燃料用量降低,保持燃料总用量 $D_i^3/r$,与窑筒体传热能力相适应,这是一种自我调节,这在上节等效计算中已得到证明。

预热和预分解两支点窑的生产能力仍可按具有普遍意义的公式:

$$G = \frac{K_Q}{q_{cl}} \frac{1}{4kr} D_i^3 U \tag{11}$$

式中：$r$——窑筒体燃料量占总燃料量之比，与窑型模数的关系为：

$$r = \frac{1 - a - b\,(e_t)_{\text{NSP}}}{1 - a - b\,(e_t)_{\text{SP}}}$$

$$(e_t)_{\text{SP}} = \frac{1 - a - U_K/U}{b}$$

$$U_K = 1 - (1 - 2kM_K)^2$$

$$(e_t)_{\text{SP}} = \frac{1 - a - U_K/U}{b} = \frac{1 - a - [1 - (1 - 2kM_K)^2]/U}{b}$$

$$r = \frac{1 - a - b\,(e_t)_{\text{NSP}}}{1 - a - b\,(e_t)_{\text{SP}}} = \frac{1 - a - b\,(e_t)_{\text{NSP}}}{1 - a - 1 + a + [1 - (1 - 2kM_K)^2]/U}$$

$$r = \frac{1 - a - b\,(e_t)_{\text{NSP}}}{1 - (1 - 2kM_K)^2} U \tag{12}$$

式中：$(e_t)_{\text{NSP}}$——预分解窑入窑物料实际分解率，为设定值；

$U$——系统热利用系数，同样为设定值，该式说明 $r$ 是窑型模数 $M_K$ 的单值函数。

对于预分解窑系列窑型模数 $M_K$ 为定值，即窑筒体燃料比 $r$ 也为定值。

对于预分解两支点窑系列，长径比 $L/D_0$ 为定值，窑型模数 $M_K$ 随直径不同而不同，即窑筒体直径不同，$r$ 不同，这是与常规预分解窑仅有的不同之处。

鉴于预分解两支点窑具有诸多优点，两支点窑有开发价值，这将是窑型上新的突破。

按式(11)、式(12)测算规格与生产能力的关系结果列于表1。

表 1    预分解两支点窑系列规格和生产能力

| $n$ | 1 | 2 | 3 | 4 | 5 | 6 | 7 | 8 | 9 |
|---|---|---|---|---|---|---|---|---|---|
| $D_i$/m | 2.6 | 3.1 | 3.6 | 4.1 | 4.6 | 5.1 | 5.6 | 6.1 | 6.6 |
| $L$/m | 38 | 44 | 50 | 56 | 63 | 69 | 75 | 81 | 88 |
| $r$ | 0.375 | 0.411 | 0.445 | 0.477 | 0.507 | 0.534 | 0.561 | 0.587 | 0.611 |
| 日产量/(t·d⁻¹) | 1 030 | 1 584 | 2 291 | 3 158 | 4 196 | 5 424 | 6 840 | 8 450 | 10 284 |

为反求规格与生产能力的关系，按规格与生产能力的关系测算结果(表1)，用最小二乘法回归得出下列函数：

$$D_i = a_0 + a_1 G + a_2 G^2$$

$$\sum a_0 + \sum Ga_1 + \sum G^2 a_2 = \sum D$$
$$\sum Ga_0 + \sum G^2 a_1 + \sum G^3 a_2 = \sum DG$$
$$\sum G^2 a_0 + \sum G^3 a_1 + \sum G^4 a_2 = \sum DG^2$$

联立解得：

$$a_0 = 2.201 ; \quad a_1 = 15.548 \times 10^{-3} ; \quad a_2 = -12.209 \times 10^{-6}$$

$$D_i = 2.201 + 15.548 \times 10^{-3} G - 12.209 \times 10^{-6} G^2 \tag{13}$$

举例：

$$日产量 5\ 000\ t, G = 208.3\ t/h$$

$$D_i = 2.201 + 15.548 \times 10^3 \times 208.3 - 12.209 \times 10^{-6} \times 208.3^2 = 4.91(m)$$

$$D_0 = D_i + 0.4 = 4.91 + 0.4 = 5.31(m)$$

$$L = 12.5 \times 5.31 = 66.4(m)$$

$$M_K = L/D_i^{1.5} = 66.4/4.91^{1.5} = 6.1$$

$$燃料比\ r = \frac{1 - a - b (e_t)_{NSP}}{1 - (1 - 2kM_K)^2} U = \frac{1 - 0.347 - 0.512 \times 0.9}{1 - (1 - 2 \times 0.014 \times 6.1)^2} 0.85 = 0.523$$

按式(13)得出其系列规格列示于表3.

# 5　结束语

采用新型干法窑代替立窑可以提高和确保熟料质量,有利于水泥产品的结构调整。在当前条件下采用中小型新型干法窑代替立窑适合我国国情。天津水泥设计研究院曾从机械设计角度研究了两支点回转窑的长径比问题,他们认为两支点的窑头、窑尾悬臂长度分别为 $1.5D_0$ 和 $3D_0$、支点跨距为 $8D_0$ 时,机械状况比较合理,可使两档托轮受力相近,且支点弯矩与跨向弯矩接近相等,适合采用同规格的支撑装置,从而使两档备件趋于一致,有利于减轻机重,节

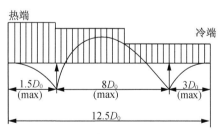

图 2　两支点窑弯矩分布图
（考虑衬砖和窑皮的荷载）

省投资。因此,采用两支点窑是合理的。对于两支点回转窑的规格,可按 $L/D_0$ 不大于12.5考虑。表2列出我国部分新型干法窑及其等效两支点短窑的系列规格；表3列出预分解两支点窑系列规格和常规 NSP 窑规格,仅供参考。

表 2　生产中的新型干法窑和等效预分解两支点窑的规格　　　　（单位：m）

| 筒体内径×长度 | φ4.7×74 | φ4.55×68 | φ4×60 | φ3.5×45 | φ3.2×50 | φ3×48 | φ2.5×40 |
|---|---|---|---|---|---|---|---|
| 生产厂 | 冀东 | 柳州 | 江西 | 上海 | 槎头 | 七里岗 | 邗江 |
| 等效两支点窑规格 | φ5.15×64 | φ4.89×61 | φ4.28×54 | φ3.54×44 | φ3.5×44 | φ3.31×41 | φ2.76×35 |

表 3　预分解两支点窑系列规格和常规 NSP 窑规格

| 日产量/(t·d$^{-1}$) | 2 500 | 5 000 | 7 500 | 10 000 |
|---|---|---|---|---|
| $G$/(t·h$^{-1}$) | 104.17 | 208.3 | 213.5 | 416.67 |
| $D_i$/m | 3.7 | 4.91 | 5.85 | 6.56 |
| $D_0 \times L$/(m×m) | 4.1×51.3 | 5.31×66.4 | 6.25×78.1 | 6.96×87 |
| $r$ | 0.45 | 0.523 | 0.571 | 0.608 |
| NSP 窑 $M_K = 8.5$ 系列 /(m×m) | 3.95×56.8 | 4.86×80.3 | 5.51×98.4 | 6.02×113.5 |

# 水泥预热、预分解窑生产优化途径*

**摘要**：基于预热、预分解窑热力特性的论述，对生产优化途径进行了分析。预热器窑生产能力的控制因素是发热能力，预分解窑生产能力的控制因素是传热能力；预分解窑的窑筒体燃料比 $r$ 是窑型模数 $M_K$ 和窑筒体热利用系数 $U_K$ 的函数，其合理值是相对于上述条件而言的；提高入窑物料分解率可降低 $r$，为提高发热能力提供空间，是提高生产能力的重要途径；论述了降低高级热损失的重要意义；刍议技术路线。

**关键词**：热力特性；等温过程；生产能力；热耗；高级热损失；热势度；对流传热薄膜学说

## 0　前言

本文是以 2000 年 10 月国家建材局新型干法水泥企业达标达产协调领导小组于湖北宜昌召开的达标达产工作总结表彰暨新技术研讨交流会的发言为基本内容，因限发言时间，故未能展开，会下交流时，应与会者的要求，特撰此文。

## 1　多级旋风预热器热工制度特性

### 1.1　热势度下降幅度大

在气体与物料之间的传热过程中温度差 $\Delta t_{gm}$ 体现了传热的热势，故将 $\dfrac{\Delta t_{gm}}{t_g}$ 称为热势度。同时也含有该部分气体中热量利用程度的含意。气体温度由 $t_{g0}$ 降至 $t_g$ 时的传热量为 $C_g G_g (t_{g0} - t_g)$，当气流温度降至等于物料温度时（$t_g = t_m$），传热量达到最大值 $C_g G_g (t_{g0} - t_m)$。随着传热的进行，热势度逐渐降低，因此，气体离开系统的热势度是判断传热效果的标志，当热势度等于零时，说明已达到平衡状态，在热力学上称为"死态"，这是其理想状态。因此热势度 $\dfrac{\Delta t_{gm}}{t_g}$ 降低幅度大说明热效率高。

---

* 原发表于《水泥技术》2001 增刊，原标题《新型干法窑热工特性与生产优化途径分析》。

## 1.2 伴有碳酸盐分解及化学反应

预分解窑的分解炉或预热器窑的分解级(入窑级)内不仅有传热过程,而且伴有化学反应过程,主要是碳酸钙分解及熟料矿物形成。碳酸钙分解是化学反应相变过程 $CaCO_3(s)\xrightarrow{\triangle}CaO(s)+CO_2(g)$,属于气(g)固(s)平衡,根据相律仅有一个独立变量。当压力一定时,物料温度随之固定,在化学上称之为等温过程。

碳酸钙分解温度与压力之间的关系式为:

$$\lg p_{CO_2} = -(9\,140/T)+0.382\lg T-0.668T\times10^{-3}+7.437\,5$$

式中:$p_{CO_2}$——$CO_2$ 分压(atm)(1 atm=$1.013\times10^5$ Pa);

$T$——物料分解温度(K)。

当 $p_{CO_2}=1$ atm 时,物料分解温度为 894.4 ℃。当热耗为 3 140 kJ/kg、过剩空气系数 $\alpha=1.1$ 时,预分解窑在线型分解炉内或预热器窑的分解级(入窑级)内气体的 $p_{CO_2}$ 平均约为 0.38 atm,其计算理论分解温度为 823 ℃,在离线型分解炉内,由于未混入 $CO_2$ 浓度较低的窑内烟气,气体 $p_{CO_2}$ 平均约为0.45 atm,其计算理论分解温度为 841 ℃,其理论作业区为图 1 中的黑区范围内。

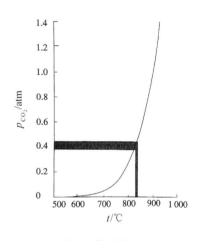

图 1 关系图

在传热学上认为在气固相之间的对流传热中固体物料外表裹有一层气体薄膜,薄膜是传热的热阻(表现在薄膜的温差),因此气体与物料的温差 $\Delta t_{gm}$ 是不可避免的。而热阻与其薄膜厚度及导热性有关,或者说是雷诺准数 $\dfrac{Dv\rho}{\mu}$ 的函数。其中 $D$ 为流体通道等效直径,$v$ 为气体流速,$\rho$ 为气体重度,$\mu$ 为黏度,对于气体,其气体黏度随温度提高而加大,黏度大薄膜厚度则厚,密度与温度成反比,温度高则密度低,薄膜厚度就厚。即温度高薄膜厚,温度差 $\Delta t_{gm}$ 大,因此各级气体温度不同,其温差 $\Delta t_{gm}$ 亦不同,在分解炉内烟气温度最高时,其 $\Delta t_{gm}$ 可高达 30 ℃。而且温度高黏度大,阻碍物料分解出二氧化碳的扩散,因此物料颗粒周围的 $CO_2$ 分压要高于气流中平均 $p_{CO_2}$,则分解温度也略高于计算值,所以物料温度一般在 850 ℃。

## 1.3 热工制度稳定

碳酸钙分解是在一定压力下的等温状态,分解炉或分解级出口烟气温度稳定,为预热器热工制度稳定及系统热工制度稳定提供了条件。

分解炉内有燃料燃烧、传热、碳酸盐分解等过程。由于传热速度快,分解速度属非控制因素,只要低于供热量极限量(碳酸盐全部分解)的情况下,物料均能予以吸收并及时分解,保持物料温度稳定。此外,传热速度与气流温度或者说气流与物料之间的温差存在内在联系,如气流温度上升,加大热势度,将会加快传热速度,从而使气流温度回降,反之,气流温度回降,热势度随之回降,传热速度减慢,从而使气流温度回升,即气流温度与传热速度通过自我调节,互相适应达到新的平衡,从而使气流温度保持稳定。由于气流与物料的接触面积即传热面积很大,可使气流与物料之间保持一个温差。所以气流温度处于略高于物料温度的"等温状态"。

等温条件赋予分解炉或预热器窑分解级在系统中具有缓冲和稳定温度的功能,只要等温条件(继续存在三个相)不被破坏,(如全部分解不存在碳酸盐这一相,等温条件就不存在),无论其进入热量多少,其出口烟气温度均能保持稳定,这种自我稳定是预热、预分解系统的一个重要特性。

## 1.4　预热器出口气流温度稳定

决定预热器出口气流温度的因素有预热器级数、固气比、分离效率、漏风、预热器出口气体与物料温度差 $\Delta t_{gm}$ 及表面热损失等。在既定的级数及设备状况下,上述因素在运行中不存在显著的变化,预热器各级温度分布有其固有的规律。由于预热系统入口气流温度是稳定的,则预热器出口气流温度也将稳定,这是预热系统的又一特性。但当级数不同、固气比变化、供给燃料量过度,产生不完全燃烧,破坏了等温过程时,致使热工制度紊乱,预热器出口烟气温度将不稳定。

$\Delta t_{gm}$ 对于预热器热出口烟气温度作用:笔者在《旋风预热与预分解窑的热力特性及生产能力》一文中已导出预热器出口温度:

$$\text{任意级}:t_{gi} = \frac{[k_1^{n-i} + r_h R_{SG}(1-\eta)/\eta - k_1^{n-i}k_2]t_{g(i+1)} + r_h R_{SG}t_{g(i-1)}}{k_1^{n-i+1} + r_h R_{SG}/\eta}$$

说明对于除了第 1 级外,$\Delta t_{gm}$ 对预热器出口温度无影响。

$$\text{出口级}:t_{g1} = \frac{[k_1^{(n-1)} + r_h R_{SG}(1-\eta)/\eta - k_1^{(n-1)}k_2]t_{g2} + r_h R_{SG}(t_{m0} + \Delta t_{gm})}{k_1^n + r_h R_{SG}/\eta}$$

$$\delta t_{g1} = \frac{r_h R_{SG}}{k_1^n + r_h R_{SG}}\delta\Delta t_{gm}$$

说明 $\Delta t_{gm}$ 与预热器出口烟气温度成正比关系,但其变化幅度 $= \dfrac{r_h R_{SG}}{k_1^n + r_h R_{SG}} < \dfrac{1}{2}$
不大,由于 $\Delta t_{gm}$ 为一稳定值,且数值低,因此对预热器出口烟气温度影响甚微。

鉴于多级旋风预热器的上述特性,使预热系统具有自我稳定的性能,这是新型干法窑所独有的稳定运行的内在因素,因此,在外部条件相同的情况下,新型干法窑运行最稳定。

## 2 提高生产能力的途径

制约水泥窑生产能力的因素有发热能力和传热能力。预热器窑的预热系统有很强的传热能力,尤其是分解级更有很大的传热容量,因此,发热能力便成为控制因素。即提高生产能力,关键在于充分发挥系统发热能力。而对于预分解窑,由于分解炉极大地扩展了发热能力,其控制因素转换至传热能力。

应该指出的是,单位容积发热量,并不是单位容积燃煤量,窑的发热量 $Q$ 包括燃料燃烧热 $Q_r$ 和二次空气显热 $Q_a$,$Q=Q_r+Q_a$,不同的窑型其热耗不同,二次风温度不同,即允许喂入燃料量不同。

### 2.1 充分发挥分解炉的燃烧作用

由于窑筒体内燃烧已受到热力强度的限制,提高分解炉的燃烧能力就成为提高系统的发热能力的关键。

分解炉是系统的另一发热、传热装置。分解炉之所以能稳定运行,是因煤的着火温度(当挥发物为 20% 时约为 600 ℃)低于碳酸盐分解温度的客观条件。但是碳酸盐分解是等温过程,因此燃烧温度受碳酸盐分解温度制约,则其燃烧速度低于回转窑内的燃烧速度,所以燃料燃烧是分解炉能力的控制因素。

煤的挥发物燃点虽低于碳酸盐分解温度,但其燃烧温度仍受碳酸盐分解温度的制约,因此适当地扩大炉容不失为稳定和提高发热能力的手段。由于分解炉内燃烧条件次于回转窑筒体,当分解炉能力匹配偏低时,适当地提高煤粉细度,不失为一种提高其发热能力的手段,以弥补能力匹配偏低的不足。

### 2.2 提高入窑物料真实分解率降低窑与系统的燃料比($r$)

窑用燃料比($r$)是一个重要参数。预分解窑是在预热器窑的基础上增加分解炉,系统的发热能力的提高幅度取决于窑用燃料比,$G_{NSP}=G_{SP}/r$,所以人们都力求降低窑筒体的燃料比 $r$ 来提高系统的总发热量,提高生产能力。但必须注意到燃料比的合理值决定于窑型模数 $M_K$(体现窑的长短度)和窑筒体与预热器匹配情况,不同窑型模数的窑具有不同合理的燃料比。

$r$ 与入窑物料真实分解率有关,即所谓合理的燃料比是相对于不同的窑型模数而言。降低窑用燃料比可提高入窑生料真实分解率,减轻窑筒体的传热负荷。

笔者在《旋风预热与预分解窑的热力特性及生产能力》文中推导出其关系式：

对于预热器窑：　　　$(q_k)_{SP}/q_{cl} = 1 - a - b\,(e_t)_{SP}$

对于预分解窑：　　　$(q_k)_{NSP}/q_{cl} = 1 - a - b\,(e_t)_{NSP}$

预分解窑的回转窑筒体燃料比由 1 降为 $r$ 时，

$$(q_k)_{NSP}/q_{cl} = r\,(q_k)_{SP}/q_{cl}$$

因此有：　　　　$1 - a - b\,(e_t)_{NSP} = r[1 - a - b\,(e_t)_{SP}]$

回转窑筒体燃料比：

$$r = \frac{1 - a - b\,(e_t)_{NSP}}{1 - a - b\,(e_t)_{SP}} \tag{1}$$

对于预热器窑入窑物料真实分解率是窑型模数的函数：

$$(e_t)_{SP} = \frac{1-a}{b} - \frac{1 - (1 - 2kM_K)^2}{b \cdot U} \tag{2}$$

式中：$r$——窑用燃料量与系统总燃料用量之比；

　　　$a$——生料从常温预热到碳酸盐分解温度时所需吸收热量（包括高岭土脱水热）与形成熟料全过程所需吸收总热量 $q_{cl}$ 之比；

　　　$b$——碳酸盐分解所需热量与 $q_{cl}$ 之比；

　　　$(e_t)_{SP}$——SP 窑入窑物料真实分解率；

　　　$(e_t)_{NSP}$——预分解窑入窑物料真实分解率；

　　　$k$——回转窑筒体运行系数；

　　　$M_K$——窑型模数 $M_K = L/D_i^{1.5}$，表示窑的长短度；

　　　$U$——系统热利用系数。

从式(1)可知，窑用燃料比 $r$ 与入窑物料真实分解率有关。当系统热利用系数 $U$ 一定和入窑物料真实分解率一定时 $r$ 随窑型模数增大而降低。

无论是预热器窑或预分解窑生产能力与入窑物料真实分解率 $e_t$ 关系甚大。其之间的关系式为：

$$\frac{G}{G_0} = \frac{1-a}{1 - a - be_t} \tag{3}$$

式中：$G_0$——$e_t = 0$ 时的生产能力，$G/G_0$ 与 $e_t$ 之间是一条双曲线，曲线的斜率 $[(G/G_0)/e_t]$ 随 $e_t$ 的提高而提高。其提高幅度为：

$$\delta\left(\frac{G}{G_0}\right) = \frac{b(1-a)}{(1-a-be_t)^2}\delta e_t \tag{4}$$

可见提高幅度相当可观,同时说明 $e_t$ 越高效果越明显。但当 $e_t$ 已处于较高水平时,要进一步提高难度更大,只有在热工制度稳定的情况下才有可能,否则会破坏等温状态,使温度继续上升而失去控制,造成热工制度紊乱。因此,提高控制水平,对新型干法水泥窑生产作用十分重要。同时探索新的控制参数是人们所期待的。

总之,挖掘分解炉的潜在能力,以充分发挥系统总的发热能力是提高生产能力的重要途径。

# 3 降低热损失途径

## 3.1 降低过剩空气系数和减少漏风

降低过剩空气系数和减少漏风的主要目的是提高固气比。固气比是影响预热器效率的重要因素。物料量在一定的料耗时是定值,只有降低烟气量才是提高固气比的唯一的途径,在正常条件下,只能通过控制合理的过剩空气系数及减少漏风。

笔者曾在《多级旋风预热器热效率分析》一文中对固气比与预热器出口废气温度和其热损失已予以论述,在此从略。

## 3.2 提高冷却机系统热效率

箅式冷却机由于出窑筒体熟料能快速冷却有利于熟料质量。箅式冷却机技术进步主要体现在提高料层厚度、采用控制流技术,改善通风合理性,以及防止漏料等。但余风的热损失,仍然是其主要热损失。约占冷却机总热损失的 30%,降低其热损失任重道远,且这有其不可抗拒的固有缺陷。因此虽不断推出更新换代的冷却机,但成效不显著。

余风的存在是工艺条件决定的。因为随着熟料热耗降低,单位熟料所需助燃空气减少,冷却空气已不能完全吸收熟料释放的热量予以利用。现做具体分析:

熟料烧成带进入冷却带后需由冷却空气予以冷却,即熟料释放的热量是熟料由烧结温度 1 450 ℃至冷却机出口温度 100 ℃之间的热量:

$$q_{cl} = \Delta C_{cl} G_{cl} t_{cl} = 1.114 \times 1 \times 1\ 450 - 0.806 \times 1 \times 100 = 1\ 535\ (\text{kJ/kg})_{cl}$$

1 kg 熟料需要助燃空气量:

$$\begin{aligned} G_a &= \alpha \times q_h \times v_k^\gamma \times a_2 \\ &= 1.1 \times 750 \times 4.186\ 8 \times 0.267 \times 10^{-3} \times 0.85 \\ &= 0.784 (\text{m}^3/\text{kg})_{cl} \end{aligned}$$

式中:$a=1.1$ 为过剩空气系数;

$q_h=750\times4.186\,8$ 为热耗(kJ/kg);

$v_k^\gamma=0.267$ 为每 kJ 所需空气量(m³/kJ);

$a_2=0.85$ 为助燃空气比例。

助燃空气热:

助燃空气吸热量:

$$q_a = C_a G_a\,(t_a)_{av}$$

空气平均比热容:　　　$C_a = 1.286\,5 + 0.000\,12t_a\,kJ/(m^3\cdot ℃)$

$$q_a=(1.286\,5+0.000\,12t_a)\times0.784\times t_a=1.008\,6t_a+0.000\,094t_a^2$$

即 $1.008\,6t_a+0.000\,094t_a^2=1\,535$

助燃空气达到的平均温度应是:

$$(t_a)_{av} = \frac{-1.008\,6\pm\sqrt{1.008\,6^2+4\times0.000\,094\times1\,535}}{2\times0.000\,094} = 1\,351(℃)(舍负)$$

应该注意到上述计算得出的是平均温度,是不同温度空气混合后的温度,可以设想出口端熟料温度已降至约 100 ℃,空气温度又只能低于熟料温度,则需要多大的量、多高温度的空气才能混合后成 1 376 ℃? 这是任何冷却机都无法解决的。三次风温度始终徘徊在 800～900 ℃就是例证。

曾一度出现过的单筒冷却机、多筒冷却机(尤纳斯),均因冷却机出口熟料温度过高而退出市场。惟有篦式冷却机以"余风"排出为代价,才能使冷却机出口端熟料温度得以降低,为下一工序创造条件。这是篦式冷却机能立足的原因。

目前开发的一代代的新型冷却机均有所创新,从使用情况来看效果并不显著,关键是存在上述固有的问题。这将是提高系统热效率的瓶颈。

篦式冷却机通过加厚料层、阻力篦板企图提高热效率,但受冷却空气能够吸收热量的限制,效果有限。而流体阻力大,送风机的电机容量大,电耗很大,这是冷却机面临的又一矛盾。

因此提高出窑熟料潜热利用率,即提高余风热利用率,则成为节能的重要课题。目前利用余风的余热参与余热发电,是解决冷却机这个痼疾的福音。但应把节能放在第一位,其次才是发电。

余风热的利用除供发电外,目前正在兴起"热泵"技术。该技术已开始应用于利用地热和空调领域。(见图 2)

其工作原理与制冷机相同,都是按照热机逆循环工作的,介质膨胀降温吸热,

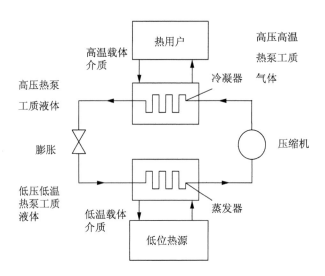

图 2　蒸汽压缩式热泵的原理示意

以压缩机压缩介质升温放热。

热泵是利用少量驱动能源,把大量低温热能变为高温热能的装置。即热泵的作用是从低位热源中吸取能量,并把它传递给高位热源。在这个过程中压缩机虽然消耗了一定的高品位能源,但是向高位热源供给的却是从低位热源提取出的能量与高品位热源之和。

这项技术已在浮法玻璃厂成功应用。工质膨胀降温吸收浮法玻璃窑的冷却水的热,工质循环至另一侧压缩机压缩放热以提高热水温度供取暖。这一成果有可能应用于冷却机余热锅炉出口由热空气产生的热水,通过热泵以提高另一侧的供暖热水。以代替从余热发电系统抽取热水供暖,相对地增加发电量。

## 3.3　降低高级热和高级热损失

高级热是指热势度高和有派生效应的热能。高级热损失包括:热势度 $\dfrac{t_g-t_{m0}}{t_g}$ 的热损失和能减少烟气量、提高固气比派生固气比效应的热损失。

热损失要视原可利用程度的热的热势度。因此热损失的高低度与热的高低度是同宗的。因此"高级热损失"的界定:一是"热势度";二是降低热损失的派生效果大小。预热器出口烟气热损失的改变无派生效应,则是"低级热损失"。

## 4　刍议技术路线

技术路线以节能为宗旨,已成为共识。但当今的具体做法,却值得研究。水泥窑的节能潜力主要在于冷却系统和预热系统,然而这两头却互相制约。

增加预热器级数,降低预热器出口烟气热损失,降低热耗,降低助燃空气量,势必增加余风排放量,从而增加热损失。

提高冷却机热效率,不仅可回收熟料显热,而且降低热耗、降低烟气量,提高预热器固气比进而降低热耗。但降低热耗后减少助燃空气量,也势必增加余风排放量。这是一个自我矛盾。

由于温度较低的热空气与温度较高的热空气的混合作用,制约了热空气温度的提高,致使熟料的热量不能冷却空气完全吸收,这个固有的缺陷是降低熟料烧成热耗不可克服的障碍。

关于预热系统的节能在于增加级数,设计大师朱祖培先生在 1990 年刊出的《多级旋风预热器的温度分布》一文中指出"按目前条件下,多级悬浮预热器采用 3～4 级(不包括分解级)是合适的",至今仍然有指导意义。目前由于认识到除出口级外,恣意提高分离效率已无意义,于是开发出低阻型预热器,意在增加预热器级数,提高热效率,降低热耗,但降低了助燃空气量,致使冷却机提高热效率雪上加霜。迫使冷却机热效率降低,而且预热器塔增高,带来一系列问题,因此,预热器级数增加,孰利孰弊应予研究。

余热发电虽是利用余风的好途径,但为提高发电量普遍采取提高余风温度的措施,不可避免地增加燃料用量。今以五级预热器余风温度从 230 ℃提高到 360 ℃法(HAF),及在此基础上蒸汽再过热法(HAS),与四级预热器纯余热法作比较。

| 方法 | 发电量<br>(kWh/t) | 增加电量<br>(kWh/t) | 增加标煤耗<br>(g/t) | 增加电量单位标煤耗<br>(g/kWh) |
|---|---|---|---|---|
| 五级纯余热 | 26.4 | | | |
| 五级 HAF | 53 | 30.5 | 12 400 | 406 |
| 五级 HAS | 68.2 | 45.7 | 15 800 | 346 |
| 四级纯余热 | 39 | 16.5 | 4 846[※] | 294 |

注:※四级预热器出口烟气热焓:$1.427 \times 1.541 \times 380 = 836$ kJ;五级预热器出口烟气热焓:$1.4 \times 1.525 \times 325 = 694$ kJ,差值 $836 - 694 = 142$ kJ,折合标准煤:$142 \times 10^3 \div 29\ 300 = 4\ 846$ g/t,$4\ 846 \div 12.6 = 384$ g/kWh。

由此可见,在余热发电的情况下预热器级数的选择应有所不同。实践证明着力提高冷却机热效率的作用已被提高余风温度的做法所淹没。其技术方向应着重于运行的可靠性和降低电耗。总之,节能应从全局着眼,通盘考虑,切忌顾此失彼。

# 表观分解率与实际分解率[*]

带预热设备的干法窑,其入窑物料预热程度体现在分解率,它标志着系统总传热量在回转窑筒体与预热设备之间的分配情况。对于生产窑来说,它标志着预热设备的工作状态,即指物料在预热设备内的吸热量,包括显热(物料升温所需的热)和潜热(物料碳酸盐分解所需的热)。物料在预热设备内的吸热量表现在物料的分解程度上,即所谓分解率。

带预热设备的干法窑,入窑物料真实分解率是生产运行的重要参数,能体现运行状况的优劣,如能作为生产控制指标,将是优化生产的重要途径。遗憾的是测定分解率的办法目前只能是通过人工取样测定物料的烧失量按下式求得:

$$入窑物料分解率 = 1 - \frac{L}{L_0} \cdot \frac{100 - L_0}{100 - L}$$

式中:$L$——出预热设备(入窑)物料的烧失量;

$L^0$——入预热设备物料即生料的烧失量。

为得到入窑物料烧失量,人工从窑尾取样。在取出样品时仍有冒气泡现象,说明物料在继续分解,这是由于外界的空气中二氧化碳分压低于窑尾气氛,碳酸盐分解温度下降的缘故,致使样品失真,造成误差。同时样品中已混入窑内随气流逸出的飞灰,飞灰的烧失量几乎是零,而且得到的仅是表观分解率,它高于真实分解率。

因为入窑的物料中含有回转窑随气流逸出的飞灰。因而要求得到真实分解率,就必须知道从窑内逸出的飞灰量及其烧失量。可是由于该处温度较高,测定飞灰量相当困难,因此在一般热工计算中采用经验的方法,即假定一个飞灰量和烧失量,按上式计算求得,其中入窑物料烧失量为扣除从回转窑随气流逸出的飞灰之后的出预热设备之物料烧失量。显然,这种方法存在着人为的误差。

为此,探讨了用预热设备出口和窑筒体尾部的烟气组成,求得入窑筒体的物料真实分解率的方法,在琉璃河水泥厂立波尔窑热工标定计算中进行尝试,得到了较满意的结果。计算式的推导如下:

入窑物料真实分解率是总分解率(等于1)与物料在窑内分解率之差。即入窑物料真实分解率 $e_t$

---

* 原发表于《水泥》1983 年第 10 期。

$$e_t = 1 - \frac{V_{\mathrm{CO}_2}^{M-K}}{V_{\mathrm{CO}_2}^{M}}$$

式中：$V_{\mathrm{CO}_2}^{M}$——物料总分解 $CO_2$ 量（$m^3/kg$）；

　　　$V_{\mathrm{CO}_2}^{M-K}$——物料在窑内分解 $CO_2$ 量（$m^3/kg$）。

全系统

$$(\mathrm{CO}_2) = \frac{V_{\mathrm{CO}_2}^{F} + V_{\mathrm{CO}_2}^{M}}{V^F + V_{\mathrm{CO}_2}^{M}}$$

式中：$(\mathrm{CO}_2)$——纯干烟气（$\alpha=1$，$CO=0$，$H_2O=0$）中，$CO_2$ 的百分数；

　　　$V^F$——燃料产生烟气量，正比于热耗，$V^F = k_1 \cdot q$；

　　　$V_{\mathrm{CO}_2}^{F}$——燃料产生 $CO_2$ 量，早先建材研究院热工室的陈作夫先生，通过对全

国不同煤种的统计得出：$\dfrac{V_{\mathrm{CO}_2}^{F}}{V^F} = 0.18 \sim 0.19$，其比值很稳定可视为

常数 $k_2 = 0.185$，则 $V_{\mathrm{CO}_2}^{F} = k_2 V^F = k_1 k_2 q$。

$$(\mathrm{CO}_2) = \frac{k_1 k_2 q + V_{\mathrm{CO}_2}^{M}}{k_1 q + V_{\mathrm{CO}_2}^{M}}$$

$$k_1 \cdot q(\mathrm{CO}_2) + V_{\mathrm{CO}_2}^{M} (\mathrm{CO}_2) = k_1 k_2 q + V_{\mathrm{CO}_2}^{M}$$

$$V_{\mathrm{CO}_2}^{M} = \frac{k_1 q(\mathrm{CO}_2) - k_1 k_2 q}{1 - (\mathrm{CO}_2)} = \frac{k_1 q[(\mathrm{CO}_2) - k_2]}{1 - (\mathrm{CO}_2)}$$

窑筒体尾部 $CO_2$ 含量：

$$(\mathrm{CO}_2)_K = \frac{V_{\mathrm{CO}_2}^{F-K} + V_{\mathrm{CO}_2}^{M-K}}{V^{F-K} + V_{\mathrm{CO}_2}^{M-K}} = \frac{k_1 k_2 rq + V_{\mathrm{CO}_2}^{M-K}}{k_1 r \cdot q + V_{\mathrm{CO}_2}^{M-K}}$$

式中：$r$——窑用燃料比。

$$k_1 r \cdot q (\mathrm{CO}_2)_K + V_{\mathrm{CO}_2}^{M-K} (\mathrm{CO}_2)_K = k_1 k_2 rq + V_{\mathrm{CO}_2}^{M-K}$$

$$V_{\mathrm{CO}_2}^{M-K} = \frac{k_1 rq (\mathrm{CO}_2)_K - k_1 k_2 rq}{1 - (\mathrm{CO}_2)_K} = \frac{k_1 rq[(\mathrm{CO}_2)_K - k_2]}{1 - (\mathrm{CO}_2)_K}$$

真实分解率：

$$e_t = 1 - \frac{V_{\mathrm{CO}_2}^{M-K}}{V_{\mathrm{CO}_2}^{M}} = 1 - \frac{\dfrac{k_1 rq[(\mathrm{CO}_2)_K - k_2]}{1 - (\mathrm{CO}_2)_K}}{\dfrac{k_1 q[(\mathrm{CO}_2) - k_2]}{1 - (\mathrm{CO}_2)}}$$

$$= 1 - \frac{1 - (\mathrm{CO}_2)}{1 - (\mathrm{CO}_2)_K} \cdot \frac{k_1 rq[(\mathrm{CO}_2)_K - k_2]}{k_1 q[(\mathrm{CO}_2) - k_2]}$$

$$=1-\frac{1-(CO_2)}{1-(CO_2)_K}\cdot r\frac{(CO_2)_K-k_2}{(CO_2)-k_2}$$

应用举例:

燃料产生的纯干烟气量:$V^F=7.22$

燃料纯干烟气中 $CO_2$ 含量:$V^F_{CO_2}=1.339$

$$k_2=\frac{V^F_{CO_2}}{V^F}=\frac{1.339}{7.22}=0.1855$$

(1) 琉璃河水泥厂立波尔窑

加热机出口烟气成分:

$$(CO_2)=9.3\%;(CO)=0\%;(O_2)=14.7\%$$

换算纯干气体 $CO_2$ 含量百分数

$$(CO_2)=\frac{9.3}{1-\frac{14.7}{21}}\times100\%=31\%$$

窑筒体出口烟气成分

$$(CO_2)=22.5\%;(CO)=0\%;(O_2)=4.4\%$$

换算纯干气体 $CO_2$ 含量百分数

$$(CO_2)_K=\frac{22.5}{1-\frac{4.4}{21}}\times100\%=28.5\%$$

$$e_t=\left(1-\frac{1-0.31}{1-0.285}\times\frac{0.285-0.1855}{0.31-0.1855}\right)\times100\%=22.9\%$$

而表观分解率$=\left(1-\frac{0.272}{0.34}\times\frac{1-0.34}{1-0.272}\right)\times100\%=27.7\%$

其中:0.272——入窑物料烧失量;

0.34——生料烧失量。

(2) 冀东水泥厂(数据取自四个水泥厂热工测定报告)

表观分解率为 96.4%

已知:

烟气成分:

| | $CO_2\%$ | $O_2\%$ | $CO\%$ | $N_2\%$ |
|---|---|---|---|---|
| 窑　　尾 | 17.8 | 6.2 | 0.75 | 75.25 |
| 预热器出口 | 29.75 | 4.75 | 0.05 | 65.45 |

燃料比:$r=0.432$

折算成纯干气体时:

由 CO 生成 $CO_2$ 量　　0.75

CO 燃烧消耗 $O_2$ 量:$0.5\times0.75=0.375$

在完全燃烧时烟气组成:

| | |
|---|---|
| $CO_2$ | $17.8+0.75=18.55$ |
| $O_2$ | $6.2-0.375=5.825$ |
| CO | 0 |
| $N_2$ | 75.25 |
| 合计 | 99.625 |

折算成百分含量:

| | |
|---|---|
| $CO_2$ | $18.55/0.996\ 25=18.62$ |
| $O_2$ | $5.825/0.996\ 25=5.85$ |
| $N_2$ | $75.25/0.996\ 25=75.53$ |
| 合计 | 100 |

其中过剩空气量:$5.85/0.21=27.86\%$

纯干烟气量:$100\%-27.86\%=72.14\%$

纯干烟气中 $CO_2$ 含量:$18.62/72.14=25.81\%$

同样求得预热器出口纯干烟气中 $CO_2$ 含量为 38.45%

真实分解率:

$$e_t=1-\frac{1-(CO_2)}{1-(CO_2)_K}\times r\frac{(CO_2)_K-k_2}{(CO_2)-k_2}$$

$$=1-\frac{1-0.385\ 4}{1-0.258\ 1}\times0.432\frac{0.258\ 1-0.185}{0.385\ 4-0.185}=86.9\%$$

# 水泥窑窑尾气室式密封装置 *

水泥窑窑尾漏风,其危害性是人们所熟知的。由于漏风,当排风机能力一定时,势必影响窑内通风,直接限制了窑的发热能力,或者造成不完全燃烧恶化热工制度,降低了热气流温度,降低了传热速度,增加了废气量及排风机负荷,尤其由于漏风增加废气量,降低固气比,增加废气热损失,总之漏风的后果是影响窑的产量,增加热耗和电耗。但是干法窑窑尾由于温度高,部件易产生热变形,难于严密,是一个顽疾。

琉璃河水泥厂两台立波尔窑漏风相当严重,尤其危害性最大的前后窑口这个关键部位始终未能解决,后窑口漏风约为出窑烟气量的 20%～30%,而且其烟气中仍有一氧化碳,说明由于漏风造成通风不足。

根据漏风的根本原因是设备内与外界存在气体压差,设计、安装了"气室-石墨"密封装置。

## 1 技术核心

根据流体力学中伯努利定律 $\Delta p = \xi \rho \dfrac{v^2}{2g}$,漏风风速(量)与摩擦阻力(摩擦系数)成反比,与压差的平方根成正比。因此,降低漏风的途径有两种。

一是目前普遍采用的方法是机械式方法,即在后窑口设摩擦片,提高阻力系数。然而由于摩擦片的磨损而影响效果,而且时有漏料。

二是降低系统内外两侧的压差。这是本方法的技术核心。

## 2 具体方法

于窑筒体尾端增设一个气室,并设一个通道连接系统尾端之后某部位,造成气室呈负压状态,使气室内负压略低于窑内侧负压(理想情况是相等),同时气室与窑筒体之间以石墨块密封,窑筒体下方的石墨块以钢丝绳兜紧,钢丝绳两端系以重锤,使石墨块与窑筒体紧密接触。

---

\* 原发表于《北京建材》1983 年第 1 期。

## 3 密封作用

由于系统内侧与外界中间有"气室",相当于两道密封,是降低漏风的原因之一。由于人为降低气室的气压,使窑尾内外侧压差降低,使漏入空气大幅度降低,而且漏入空气是进入系统尾端,因而避免了固气比降低的恶果。

由于将窑尾部位包裹在气室之内,使窑尾漏料由气室下部漏斗收集进入加热机底部拉链机。因石墨摩擦系数很小,滑动灵活与窑筒体紧密接触而基本无磨损,运行两年多仍无需维修。无漏料使周围环境大为改善。但由于缺乏有效的手段控制气室的负压,仍存在内外侧相当的压差,影响了其效果。

## 4 具体效果

(1)漏风降低 50% 以上。

(2)由于窑内通风加强,燃料燃烧状况改善,窑出口烟气中一氧化碳由平均 2.2% 降低至平均 0.5%。

(3)由于窑内通风加强,提高了窑的发热量,随之产量提高。

(4)系统通风改善,表现在加热机二室上下负压提高:

二室上负压由 40.5 mmH$_2$O(1 mmH$_2$O=9.8 Pa)提高到 47.1 mmH$_2$O;

二室下负压由 166 mmH$_2$O 提高到 177 mmH$_2$O。

(5)熟料游离石灰降低,提高熟料质量。

(6)由于漏风降低,相当于提高二次风量,即减少震动冷却机的余风量,降低热耗。

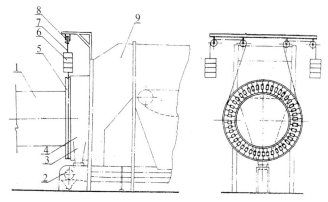

**图1　回转窑"气室石墨"密封装置**

1.回转窑　2.链式输送机　3.漏斗　4.气室　5.石墨　6.重锤　7.钢丝绳　8.滑轮　9.加热机

# 热容温度函数表

应用能量方程分析热力过程时,涉及内能和热焓的变化以及热量的计算,这些都要借助于热容。

为方便选取热容,现根据不同温度的热容,回归为 $C = f(t)$。

## §1 按物质量的单位不同有三种热容

质量比热容:$C[kJ/(kg \cdot K)]$,$C = \dfrac{\delta q}{dT}$;

摩尔(克分子)比热容:$C_m[kJ/(mol \cdot K)]$;

容积比热容:$C'[kJ/(m^3 \cdot K)]$:$C_m = MC = 22.414C'$。

## §2 热量是过程量,因此在不同条件的过程中,其比热容也不同

定容比热容: $$C_V = \frac{\delta q_v}{dT} = \left(\frac{\delta u}{\delta T}\right)_u$$

定压比热容: $$C_p = \frac{\delta q_p}{dT} = \left(\frac{\delta h}{\delta T}\right)_p$$

对于理想气体: $$C_p = \frac{dh}{dT} = \frac{d(u + pV)}{dT} = \frac{du}{dT} + \frac{d(RT)}{dT} = C_V + R$$

或: $$C_p - C_V = R$$

## §3 相应于每一个温度下的热容叫做真实热容

$$C = a_0 + a_1 T + a_2 T^2 + a_3 T^3$$

$$\Delta h = \int_1^2 C dT$$

## §4 真实热容与平均比热容的关系

$$C_1^2 = \frac{\int_1^2 C dT}{t_2 - t_1}$$

**平均质量比热容**

$$C = a_0 + a_1 t + a_2 t^2 + a_3 t^3 [kJ/(kg \cdot ℃)]$$

| 矿物名称 | $a_0 \times 10^{-3}$ | $a_1 \times 10^{-6}$ | $a_2 \times 10^{-9}$ | $a_3 \times 10^{-12}$ | 适用温度/℃ |
|---|---|---|---|---|---|
| $CaCO_3$ | 803.4 | 773.1 | −625.9 | 165.6 | 20～900 |
| $CaO$ | 770.1 | 287.6 | −237.4 | 74.3 | 20～1 500 |
| $SiO_2$ | 678.8 | 1 019.2 | −824.3 | 231.5 | 20～1 500 |
| $Al_2O_3$ | 817.4 | 367.9 | −324.6 | 107 | 20～1 500 |
| $Fe_2O_3$ | 636.5 | 404.1 | −110 | 3 025.4 | 20～1 400 |
| $MgCO_3$ | 961.7 | 1 331.1 | −1 676.7 | 843.3 | 20～800 |
| $MgO$ | 950.2 | 300 | −74.8 | 4.3 | 20～1 600 |
| $AS_2H_2$ | 903.8 | 873.4 | −223.7 | 993.7 | 20～450 |
| $AS_2$ | 782.7 | 718.1 | −597.3 | 191.3 | 20～1 500 |
| $C_3S$ | 767.5 | 400.8 | −259.3 | 86.3 | 20～1 500 |
| $C_2S$ | 828.5 | 183.4 | 78.4 | −61.9 | 500～1 100 |
| $C_3A$ | 794.2 | 413.1 | −365.8 | 123.8 | 300～1 300 |
| $C_4AF$ | 655.5 | 838.6 | −795.8 | 254 | 300～1 100 |
| 水泥生料 | 848 | 436 | −141.6 | 石灰石+黏土 | 100～900 |
| 水泥生料 | 947 | 194 | −38.5 | 石灰+黏土 | 900～1 500 |
| 水泥熟料 | 764.4 | 432.1 | −276.9 | 81.4 | 20～1 500 |
| 液相形成热 | −2.5 | 80.6 | −184.5 | 108.2 | 1 000～1 500 |

**平均质量比热容**

$$C = a_0 + a_1 t + a_2 t^2 [kJ/(kg \cdot ℃)]$$

| 矿物名称 | $a_0 \times 10^{-3}$ | $a_1 \times 10^{-6}$ | $a_2 \times 10^{-9}$ |
|---|---|---|---|
| $CaCO_3$ | 781.5 | 706.7 | −368.2 |
| $MgCO_3$ | 984.7 | 962.1 | −591.2 |
| $Al_2O_3$ | 847.1 | 450 | −162 |
| $Fe_2O_3$ | 637 | 340 | −103 |
| $SiO_2$ | 756 | 642 | −269 |
| $CaO$ | 778.8 | 192.2 | −7.35 |

$$C = a_0 + a_1 t [kJ/(kg \cdot ℃)]$$

| 矿物名称 | $a_0 \times 10^{-3}$ | $a_1 \times 10^{-6}$ |
|---|---|---|
| $CaCO_3$ | 211.1 | 69.184 |
| $MgCO_3$ | 248.3 | 117.0 |
| $Al_2O_3$ | 219.6 | 45.86 |
| $Fe_2O_3$ | 160 | 61 |
| $SiO_2$ | 213.2 | 47.61 |
| $CaO$ | 194 | 18.22 |

**真实摩尔热容**

$$C_t = a_0 + a_1 T + a_2 T^2 + a_3 T^3 [kJ/(mol \cdot K)]$$

| 矿物名称 | $a_0 \times 10^{-3}$ | $a_1 \times 10^{-6}$ | $a_2 \times 10^{-9}$ | $a_3 \times 10^{-12}$ | 适用温度/K |
|---|---|---|---|---|---|
| $CaCO_3$ | 20.350 | 275.237 | −243.240 | 66.311 | 273～1 173 |

续表

| 矿物名称 | $a_0 \times 10^{-3}$ | $a_1 \times 10^{-6}$ | $a_2 \times 10^{-9}$ | $a_3 \times 10^{-12}$ | 适用温度/K |
|---|---|---|---|---|---|
| CaO | 30.579 | 58.480 | −53.928 | 16.764 | 273～1 773 |
| $SiO_2$ | −4.858 | 216.093 | −194.129 | 55.634 | 273～1 773 |
| $Al_2O_3$ | 38.531 | 207.497 | −173.387 | 51.519 | 273～1 773 |
| $Fe_2O_3$ | 61.101 | 158.280 | −53.111 | 0.462 | 273～1 673 |
| $MgCO_3$ | −21.624 | 527.644 | −661.422 | 284.458 | 273～1 073 |
| MgO | 30.755 | 29.324 | −9.615 | 0.691 | 273～1 873 |
| $AS_2H_2$ | 7.717 | 1 133.42 | −1 258.684 | 430.718 | 273～723 |
| $AS_2$ | 53.642 | 574.385 | −537.276 | 170.002 | 273～1 673 |
| $C_3S$ | 187.948 | 314.358 | −401.975 | 116.144 | 273～1 773 |
| $C_2S$ | 128.903 | 30.654 | 76.074 | −42.650 | 273～1 573 |
| $C_3A$ | 115.003 | 491.365 | −531.286 | 140.004 | 273～1 573 |
| $C_4AF$ | −21.395 | 1 607.04 | −1 571.084 | 493.806 | 273～1 373 |
| 水泥熟料 | 72.629 | 895.014 | −619.674 | 229.563 | 273～1 773 |
| 水泥熟料液化热容 | −8.627 | 44.28 | −64.856 | 38.365 | 1 273～1 773 |

注:1. $AS_2H_2$高岭土;2. $AS_2$偏高岭土;3. 熟料真实摩尔比热容的温度曲线在1 273 K～1 773 K区间突然出现高峰,此非熟料热容,而是液相形成时吸热,因此计算其吸热时为两项相加值。

## 常用气体平均容积比热容

$$C = a_0 + a_1 t + a_2 t^2 + a_3 t^3 + a_4 t^4 [kJ/(m^3 \cdot ℃)]$$

| 名称 | $a_0$ | $a_1 \times 10^{-3}$ | $a_2 \times 10^{-6}$ | $a_3 \times 10^{-9}$ | $a_4 \times 10^{-12}$ | 适用温度/℃ |
|---|---|---|---|---|---|---|
| $CO_2$ | 1.376 | 0.985 | −0.405 | 0.082 | −0.005 | 0～2 000 |
| $N_2$ | 1.299 | −0.028 | 0.192 | −0.106 | 0.019 | 0～2 000 |
| $O_2$ | 1.283 | 0.120 | 0.144 | −0.129 | 0.029 | 0～2 000 |
| CO | 1.299 | −0.017 | 0.207 | −0.123 | 0.023 | 0～2 000 |
| $H_2O$ | 1.469 | 0.156 7 | 0.027 3 | 0.013 9 | | 0～2 000 |
| $H_2$ | 1.262 | 0.074 | −0.012 | −0.016 | 0.010 | 0～2 000 |
| 空气 | 1.289 | 0.109 | 0.018 | −0.009 | | 0～2 500 |
| 空气 | 1.297 | 0.036 | 0.146 | −0.067 | | 0～1 300 |
| $CO_2$ | 1.396 0 | 0.809 9 | −0.090 0 | −0.075 7 | | 0～1 327 |

（续表）

| 名称 | $a_0$ | $a_1 \times 10^{-3}$ | $a_2 \times 10^{-6}$ | $a_3 \times 10^{-9}$ | $a_4 \times 10^{-12}$ | 适用温度/℃ |
|---|---|---|---|---|---|---|
| $N_2$ | 1.290 2 | 0.062 2 | 0.004 9 | 0.014 0 | | 0~1 327 |
| $O_2$ | 1.287 0 | 0.157 8 | 0.002 5 | −0.009 8 | | 0~1 327 |
| CO | 1.287 9 | 0.078 2 | 0.016 3 | 0.003 3 | | 0~1 327 |
| $H_2O$ | 1.468 9 | 0.156 7 | 0.027 3 | 0.013 9 | | 0~1 327 |
| $H_2$ | 1.270 2 | 0.0397 | 0.000 9 | 0.006 2 | | 0~1 327 |

### 气体平均容积比热容

$$C = a_0 + a_1 t + a_2 t^2 \, [\text{kJ}/(\text{m}^3 \cdot \text{℃})]$$

| 名称 | $a_0$ | $a_1$ | $a_2$ |
|---|---|---|---|
| $O_2$ | 1.313 7 | 0.000 015 5 | |
| $N_2$ | 1.284 | 0.00 011 1 | |
| $CO_2$ | 1.708 | 0.000 467 4 | |
| $H_2O$ | 1.417 3 | 0.000 25 | |
| 烟气 | 1.425 3 | 0.328 7 | −0.061 6 |
| 烟气 | 1.41 | 0.233 3 | |
| 空气 | 1.286 5 | 0.000 12 | |

### 常用气体真实容积比热容

$$C = a_0 + a_1 t + a_2 t^2 + a_3 t^3 + a_4 t^4 \, [\text{kJ}/(\text{m}^3 \cdot \text{℃})]$$

| 名称 | $a_0$ | $a_1 \times 10^{-3}$ | $a_2 \times 10^{-6}$ | $a_3 \times 10^{-9}$ | $a_4 \times 10^{-12}$ | 适用温度/℃ |
|---|---|---|---|---|---|---|
| $CO_2$ | 1.376 | 1.97 | −1.215 | 0.328 | −0.02 | 0~2 000 |
| $N_2$ | 1.299 | −0.056 | 0.576 | −0.424 | 0.095 | 0~2 000 |
| $O_2$ | 1.283 | 0.24 | 0.432 | −0.516 | 0.145 | 0~2 000 |
| CO | 1.299 | −0.034 | 0.621 | −0.492 | 0.115 | 0~2 000 |
| $H_2O$ | 1.469 | 0.313 4 | 0.081 9 | 0.055 6 | | 0~2 000 |
| $H_2$ | 1.262 | 0.148 | −0.036 | −0.064 | 0.050 | 0~2 000 |
| 空气 | 1.289 | 0.218 | 0.054 | −0.036 | | 0~2 500 |
| 空气 | 1.297 | 0.072 | 0.438 | −0.201 | | 0~1 300 |
| $CO_2$ | 1.396 0 | 1.619 8 | −0.270 | −0.302 8 | | 0~1 327 |

（续表）

| 名称 | $a_0$ | $a_1 \times 10^{-3}$ | $a_2 \times 10^{-6}$ | $a_3 \times 10^{-9}$ | $a_4 \times 10^{-12}$ | 适用温度/℃ |
|------|-------|-----|-----|-----|-----|-----------|
| $N_2$ | 1.290 2 | 0.124 4 | 0.014 7 | 0.056 | | 0～1 327 |
| $O_2$ | 1.287 0 | 0.315 6 | 0.007 5 | −0.039 2 | | 0～1 327 |
| $CO$ | 1.287 9 | 0.156 4 | 0.048 9 | 0.013 2 | | 0～1 327 |
| $H_2O$ | 1.468 9 | 0.313 4 | 0.081 9 | 0.055 6 | | 0～1 327 |
| $H_2$ | 1.270 2 | 0.079 4 | 0.002 7 | 0.024 8 | | 0～1 327 |

### 真实摩尔定压比热容

$$C_{pm} = a_0 + a_1 T + a_2 T^2 + a_3 T^3 + a_4 T^4 [kJ/(kmol \cdot K)]$$

| 名称 | $a_0$ | $a_1 \times 10^{-3}$ | $a_2 \times 10^{-6}$ | $a_3 \times 10^{-9}$ | $a_4 \times 10^{-12}$ | 适用温度/K |
|------|-------|-----|-----|-----|-----|-----------|
| $CO_2$ | 24.070 | 54.888 | +31.840 | 7.824 | −0.550 | 300～2 300 |
| $N_2$ | 29.646 | −7.100 | 19.356 | −11.388 | 2.130 | 300～2 300 |
| $O_2$ | 28.298 | 0.457 | 17.645 | −14.336 | 3.200 | 300～2 300 |
| $CO$ | 29.597 | −7.163 | 21.432 | −13.344 | 2.617 | 300～2 300 |
| $H_2O$ | 31.982 | 6.936 | −1.419 | 5.328 | −1.960 | 300～2 300 |
| $H_2$ | 27.810 | 3.408 | 0.410 | −2.428 | 1.151 | 300～2 300 |
| 空气 | 27.655 | 4.033 | 1.880 | −0.788 | | 273～2 773 |
| 空气 | 29.477 | −5.137 | 14.724 | −6.004 | | 273～1 573 |

# 第二篇　水泥窑余热发电研究

# 一种水泥旋风预热器窑余热发电方法——
# 烟气分流法<sup>*</sup>

**摘要**：通过对水泥窑热力系统和发电热力系统的研究,提出一种余热发电新方法——烟气分流法。将某一级预热器出口烟气进行分流,提高供发电烟气温度、蒸汽参数及单位热能的发电量。通过烟气分流引出供发电的温度较高的烟气,提高其发电量,在余热发电的同时提高预热器内固气比,提高预热器热效率,其收益等效于补充燃料热,因此可相对地降低补充燃料量,使具有与火力发电可比性的"增加电量的单位标煤耗"可与国内火力发电的先进水平相媲美,而且吨熟料发电量相对较高。

**关键词**：旋风预热器窑；余热发电；烟气分流法

## 0　前言

　　水泥预热、预分解窑余热发电是水泥工业节能减排的重要举措,历经近 20 年的不断的探索,在技术上已有长足进步,在国内已大面积铺开,目前约有 60% 以上的生产线配置了余热发电装置,形势喜人,但也应看到,随着火力发电的技术进步,目前国内蒸汽动力发电平均单位标煤耗已降至近 327 g/kWh。100 万 W 机组的蒸汽压力 25 MPa,温度 600 ℃,采用多次回热循环和再热循环技术,单位标煤耗仅 270 g/kWh。标煤耗 400 g/kWh 的 20 万 W 机组几乎已全被淘汰,且准备继续淘汰低效机组,据有关权威部门透露,目标值为全国平均 300 g/kWh。这是对水泥窑余热发电新的挑战。当前余热发电方法基本属于内补燃型,从合理利用能源的角度,由补充燃料增加电量的单位标煤耗要求,达到甚至低于国内火力发电平均水平,即在余热发电中用等量的热能得到与火力发电厂相当甚至更多的电量,才具有真正的节能意义和生命力。

　　水泥旋风预热器窑余热发电事实上已是水泥-发电联产的生产方式,而水泥生产技术进步的主流趋势是提高热效率。为降低热耗,已开发出高效低阻预热器和第四代冷却机,而降低热耗意味着热损失即余热量的减少,这与提高余热吨熟料发电量产生矛盾,既要充分发挥水泥技术进步的成果又要多发电,而且要达到低位的由补充燃料增加电量的单位标煤耗,这就需要有一种合理的生产工艺路线,以发挥水泥生产和发电的最大效能。

　　*　原发表于《水泥工程》2011 年第 3 期。

经济效益自然是企业所追求的目标,然而作为节能减排举措,节能应是第一位的,光有经济效益而不节能是无社会意义的,但两者并不矛盾,节能效果好自然有经济效益。事物要发展,探求更佳的节能和经济效益的方法势在必然。

基于上述情况,在分析现有余热发电方法的基础上,通过对水泥窑和发电两个热力系统的研究,探索出一种新的方法——烟气分流法。

## 1 基本思路和技术核心

(1)基本思路是提高供发电烟气温度,提高蒸汽参数。从窑系统引出额外热的同时,提高预热器固气比,提高预热器热效率,以其收益来抵消补充燃料量;提高供发电热能载体温度,提高单位热能的最大作功能力,即提高热能载体的㶲值,提高单位热能的发电量。

(2)技术核心是通过烟气分流提高预热器内固气比。将预热器内的烟气予以分流,减少预热器内的烟气量,提高固气比,基于固气比效应机理,提高预热器热效率。其效果之一是高固气比的收益,抵充相应的补充燃料量,从而降低增加电量的单位标煤耗;效果之二是分流出供发电烟气温度高于原预热器出口烟气温度,可产生较高参数蒸汽,提高单位热能的发电量;效果之三是降低预热器出口烟气温度和数量,大幅度地降低预热器出口烟气的热焓,将预热器原出口烟气中原供发电的部分热能转移、浓缩至温度较高的烟气之中,使热能升级,提高其最大作功能力,提高单位热能的发电量。

## 2 具体方法

在相邻两级预热器之间的管道上设一三通分流管将烟气进行分流(参见图1),一部分烟气仍进入上一级的预热器,分流出另一部分烟气经设置的一种高效分离器,进一步净化,以缓解锅炉积灰和排管磨损,借以调节两路气路的阻力使之趋于平衡,同时设置调节阀,以控制分流比。烟气净化后进入 SP 炉,SP 炉出口烟气会同预热器出口烟气共同作为原料烘干热源。

烟气分流法虽有提高预热器热效率的收益,但分流后窑系统仍处于欠热(热平衡中支出大于收入)状态,表现在入分解炉物料受热程度即温度的降低,为保持原有的生产能力,使入窑物料分解率达到原有水平,则需补充入分解炉的燃料量,为区别从窑系统外补充燃料的发电方法(补燃炉法),这种在窑系统内补充燃料的方法称之为内补燃型。

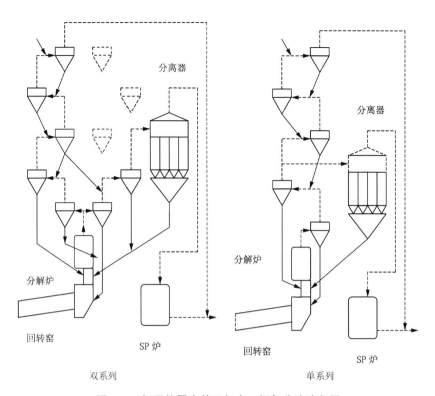

双系列　　　　　　　　　　　　　单系列

**图1　五级预热器窑从Ⅳ级出口烟气分流流程图**

# 3　热力过程特性分析

各单元热分析(为简化分析,均不计表面散热)如下。以下各单元分析图中,实线代表物料;虚线代表气体。

## 3.1　分解炉热分析

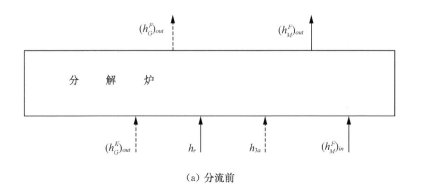

(a)分流前

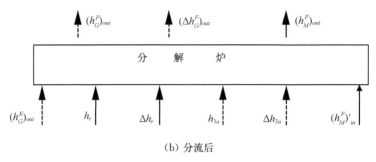

（b）分流后

**图 2　分解炉热流图**

图 2 中：$h_r$——分流前入分解炉燃料热焓；

$(h_G^K)_{out}$——出窑烟气热焓；

$\Delta h_r$——分流后入分解炉补充燃料热焓；

$(h_M^F)_{in}$——分流前入分解炉物料热焓（含分解热）；

$(h_M^F)'_{in}$——分流后入分解炉物料热焓（含分解热）；

$(h_M^F)_{out}$——分流前出分解炉物料热焓（含分解热）；

$(h_G^F)_{out}$——分流前出分解炉烟气热焓；

$(\Delta h_G^F)_{out}$——分流后补充燃料产生烟气的热焓；

$h_{3a}$——三次风热焓；

$\Delta h_{3a}$——分流后补充三次风热焓。

分流前热平衡方程：

$$h_r + (h_G^K)_{out} + h_{3a} + (h_M^F)_{in} = (h_G^F)_{out} + (h_M^F)_{out}$$

分流后热平衡方程：

$$h_r + \Delta h_r + (h_G^K)_{out} + h_{3a} + \Delta h_{3a} + (h_M^F)'_{in} = (h_G^F)_{out} + (\Delta h_G^F)_{out} + (h_M^F)_{out}$$

联立解：

$$\Delta h_r + \Delta h_{3a} + (h_M^F)'_{in} - (h_M^F)_{in} = (\Delta h_G^F)_{out}$$

分流后水泥窑系统欠热（未分流与分流后进入分解炉物料带入热焓的差值）；

$$(h_M^F)_{in} - (h_M^F)'_{in} = (\Delta h_M^F)_{in}$$

需要补充燃料热：

$$\Delta h_r = (\Delta h_G^F)_{out} + (\Delta h_M^F)_{in} - \Delta h_{3a}$$

由于余风的热焓已全部进入 AQC 炉予以利用,补充三次风只能取自室温空气,即

$$\Delta h_{3a} = 0$$
$$\Delta h_r = (\Delta h_G^F)_{out} + (\Delta h_M^F)_{in} \tag{1}$$

式中:$(\Delta h_G^F)_{out}$——分解炉出口燃料烟气热焓;

$\quad(\Delta h_M^F)_{in}$——分解炉入口物料热焓差,即引出热。

## 3.2　预热器热分析

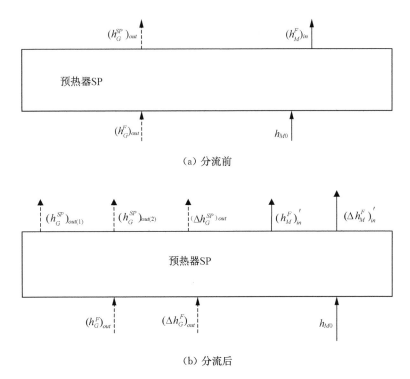

（a）分流前

（b）分流后

**图 3　预热器热流图**

图 3 中:$(h_G^{SP})_{out}$——分流前预热器出口烟气热焓;

$\quad(\Delta h_G^{SP})_{out}$——分流后预热器出口由补充燃料产生烟气热焓;

$\quad(h_G^{SP})_{out(1)}$——分流后从预热器出口烟气热焓;

$\quad(h_G^{SP})_{out(2)}$——分流后从预热器某一级出口分流出供发电的烟气热焓;

$\quad h_{M0}$——预热器入口生料热焓。

分流前热平衡方程:

$$(h_G^F)_{out} + h_{M0} = (h_G^{SP})_{out} + (h_M^F)_{in}$$

分流后热平衡方程:

$$(h_G^F)_{out} + (\Delta h_G^F)_{out} + h_{M0} = (h_G^{SP})_{out} + (\Delta h_G^{SP})_{out} + (h_M^F)'_{in} + (\Delta h_M^F)_{in}$$

$$(h_M^F)_{in} = (h_M^F)'_{in} + (\Delta h_M^F)_{in}$$

联立解: $$(\Delta h_G^F)_{out} = (\Delta h_G^{SP})_{out} \tag{2}$$

### 3.3 分解炉、预热器组合单元热分析

分流前热平衡方程:

$$h_r + (h_G^K)_{out} + h_{3a} + h_{M0} = (h_G^{SP})_{out} + (h_M^{SP})_{out}$$

分流后热平衡方程:

$$h_r + \Delta h_r + (h_G^K)_{out} + h_{3a} + \Delta h_{3a} + h_{M0} = (h_G^{SP})_{out} + (\Delta h_G^{SP})_{out} + (h_M^{SP})_{out} + (\Delta h_M^{SP})_{out}$$

$$\Delta h_r + \Delta h_{3a} = (\Delta h_G^{SP})_{out} + (\Delta h_M^{SP})_{out} \tag{3}$$

### 3.4 SP炉热分析

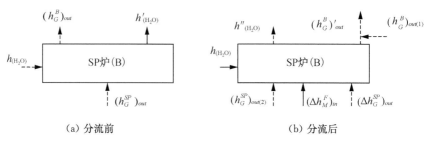

(a) 分流前                    (b) 分流后

**图4　SP炉热流图**

图4中:$(h_G^B)_{out}$——分流前SP炉出口烟气热焓,是原料烘干热源,当原料初水分一
定时是一固定值;

$(h_G^B)'_{out}$——分流后SP炉出口烟气热焓;

$h_{(H_2O)}$——锅炉给水热焓;

$h'_{(H_2O)}$——分流前SPB炉出口蒸汽热焓;

$h''_{(H_2O)}$——分流后SPB炉出口蒸汽热焓。

由图4得到:

分流前热平衡方程:

$$(h_G^{SP})_{out} + h_{(H_2O)} = (h_G^B)_{out} + h'_{(H_2O)}$$

分流后热平衡方程

$$(h_G^{SP})_{out(2)} + (\Delta h_G^{SP})_{out} + (\Delta h_M^F)_{in} + h_{(H_2O)} = (h_G^B)'_{out} + h''_{(H_2O)}$$

$$(h_G^{SP})_{out(2)} - (h_G^{SP})_{out} + (\Delta h_G^{SP})_{out} + (\Delta h_M^F)_{in} = (h_G^B)'_{out} - (h_G^B)_{out} + h''_{(H_2O)} - h'_{(H_2O)}$$

$$(h_G^{SP})_{out} = (h_G^{SP})_{out(1)} + (h_G^{SP})_{out(2)}$$

$$(h_G^B)'_{out} + (h_G^B)_{out(1)} = (h_G^B)_{out}$$

整理后可得:

$$(\Delta h_G^{SP})_{out} + (\Delta h_M^F)_{in} = h''_{(H_2O)} - h'_{(H_2O)} = \Delta h'_{(H_2O)} \qquad (4)$$

将(4)式、(1)式$(\Delta h_r = (\Delta h_G^F)_{out} + (\Delta h_M^F)_{in})$联立解得:

$$\Delta h_r = \Delta h'_{(H_2O)} \qquad (5)$$

该式表明增加燃料的热焓全部转化为工质热焓,这是烟气分流法的特点。

## 3.5　固气比效应热分析

笔者在《多级旋风预热器热效率分析》文中已给出固气比与预热器出口烟气温度的关系式:

$$t_g = t_{g0} - \frac{C_m G_m}{C_g} \cdot \frac{1}{G_g}(t_m - t_{m0}) = t_{g0} - r_h R_{SG}(t_m - t_{m0})$$

固气比改变与预热器出口烟气温度的关系式:

$$\delta t_g = (-)r_h(t_m - t_{m0})\delta(R_{SG})$$

固气比改变后预热器出口烟气温度为:

$$t'_g = t_g - \delta t_g$$

当$\delta(R_{SG}) = 0$时,$\Delta t_g = t_{g0} - t_g$。

当固气比改变后预热器出口烟气温度:

$$\Delta t'_g = t_{g0} - t'_g = t_{g0} - (t_g - \delta t_g) = \Delta t_g + \delta t_g$$

$$\Delta t'_g - \Delta t_g = \delta t_g$$

$$\delta q_g = C_g \cdot G_g \cdot \delta t_g$$

$$\delta q_m = C_m \cdot G_m \cdot \delta t_m$$

$$\delta q_m = \delta q_g$$

反映在物料温度的改变:

$$\delta t_m = \frac{C_g G_g}{C_m G_m} \delta t_g = (-) \frac{C_g G_g}{C_m G_m} r_h (t_m - t_{m0}) \delta (R_{SG})$$

## 3.6 烟气分流法的热力特性

从上述分析可知烟气分流法的热力特性如下：

第一，(3)式 $\Delta h_r + \Delta h_{3a} = (\Delta h_G^{SP})_{out} + (\Delta h_M^{SP})_{out}$ 表明，补充燃料热焓 $\Delta h_r$ 和补充三次风热焓 $\Delta h_{3a}$ 等于供弥补系统欠热 $(\Delta h_M^{SP})_{out}$ 和从预热器分流出作为发电热源之一 $(\Delta h_G^{SP})_{out}$ 之和；

第二，式 $(h_G^{SP})_{out(1)} + (h_G^{SP})_{out(2)} = (h_G^{SP})_{out}$

式中：$(h_G^{SP})_{out}$——未分流前预热器出口烟气温度为 $t$ 时的热焓；

$(h_G^{SP})_{out(1)}$——分流后预热器出口烟气温度为 $t_1$ 时的热焓；

$(h_G^{SP})_{out(2)}$——从预热器某一级出口分流出烟气温度为 $t_2$ 时的热焓。

$(h_G^{SP})_{out(2)}$ 是从 $(h_G^{SP})_{out}$ 中分离出供发电的热源，由于 $t_2 > t$，说明通过分流使该部分热能转移至温度较高的烟气之中，在质上得到升级，这种转移为非自发性的负熵增过程，在保持原有生产能力的条件下，通过补充燃料能使其过程得以进行，说明这种补燃实质上是向系统注入负熵流；

第三，$\Delta h_r = \Delta h'_{(H_2O)}$ 表明，足以说明补充燃料热全部转化为工质热能，相当于补充燃料热在锅炉内热效率为 $100\%$，这是内补燃型的很重要的共性特点，是外补燃型甚至大型高效火力发电厂所不及的。

# 4 效果预测

在理论分析的基础上，以运算方法对其效果进行测算，并以纯余热发电作为分析比较的基准，为使其具有可比性，各种方法均采用统一的设定条件和运算方法；汽机相对内效率，汽机机械效率，发电机效率根据蒸汽参数和汽机规格均取自《电力工程师手册》。

## 4.1 对照例（纯余热）发电

设定条件：

1. 基准 1 kg 熟料；

2. 料耗：1.5 kg；

3. 生料烧失量：$35\%$；

4. 入窑物料表观分解率为 $93.5\%$，烧失量为 $3.64\%$；

5. 出窑烟气飞灰量:$a_k=0.2$ kg;

6. 预热器入口烟气量:五级 1.345 $m^3$;

7. 预热器表面散热率为该级入口烟气热焓的 2.5%;

8. 预热器每级漏风率:1%;

9. 预热器分离效率第Ⅰ级为 93%,其余各级为 88%;

10. 为保持原来二次风和三次风的状态,补充三次风为环境空气,热焓为 0。

以五级预热器窑为例。

通过物料平衡得出各级物料量及烟气量,列于表1。

表1　物料平衡

| 预热器序号 | Ⅴ | Ⅳ | Ⅲ | Ⅱ | Ⅰ | 入口 |
|---|---|---|---|---|---|---|
| $G_{进}(m^3)$ | | 1.345 | 1.358 | 1.372 | 1.386 | |
| $G_{出}(m^3)$ | 1.345 | 1.358 | 1.372 | 1.386 | 1.4 | |
| $C_p[kJ/(m^3 \cdot ℃)]$ | 1.667 | 1.64 | 1.607 | 1.572 | 1.525 | |
| $m(kg)$ | 1.212 | 1.665 | 1.727 | 1.736 | 1.737 | 1.631 |
| $a(kg)$ | 0.165 | 0.227 | 0.236 | 0.237 | 0.131 | |
| $C_m[kJ/(kg \cdot ℃)]$ | 1.086 | 1.094 | 1.062 | 1.024 | 0.969 | 0.878 |

预热器各级出口温度分布

Ⅳ级

入:$0.975 \times 1.345 \times 1.667 \times 880 + 0.165 \times 1.086 \times 865 + 1.727 \times 1.062(t_3-15)=2\ 051.2+1.834t_3$

出:$1.358 \times 1.64t_4 + 0.227 \times 1.094(t_4-15) + 1.665 \times 1.094(t_4-15)=4.297 \cdot t_4-30$

$t_4=(2\ 051.2+30+1.834t_3)\div 4.297=484+0.427t_3$

Ⅲ级

入:$0.975 \times 1.358 \times 1.64t_4 + 0.227 \times 1.094(t_4-15) + 1.736 \times 1.024(t_2-15)$
$=2.42t_4+1.778t_2-30.4=2.42(484+0.427t_3)+1.778t_2-30.4$
$=1\ 141+1.033t_3+1.778t_2$

出:$1.372 \times 1.607t_3 + 0.236 \times 1.062(t_3-15) + 1.727 \times 1.062(t_3-15)=4.29t_3-31.3$

$t_3=(1\ 141+31.3+1.778t_2)\div(4.29-1.033)=359.9+0.546t_2$

Ⅱ级

入:$0.975 \times 1.372 \times 1.607t_3 + 0.236 \times 1.062(t_3-15) + 1.737 \times 0.969(t_1-15)$
$=2.4t_3+1.683t_1-29=2.4(359.9+0.546t_2)+1.683t_1-29$

$$=834.8+1.31t_2+1.683t_1$$

出：$1.386\times1.572t_2+0.237\times1.024(t_2-15)+1.736\times1.024(t_2-15)$

$$=4.199t_2-30.3$$

$$t_2=(834.8+30.3+1.683t_1)\div(4.199-1.31)=299.4+0.583t_1$$

Ⅰ级

入：$0.975\times1.386\times1.572t_2+0.237\times1.024(t_2-15)+1.631\times0.878\times70$

$$=2.367t_2+96.6=2.367(299.4+0.583t_1)+96.6=805.3+1.38t_1$$

出：$1.4\times1.524t_1+0.131\times0.966(t_1-15)+1.737\times0.966(t_1-15)$

$$=3.938t_1-27.1$$

$$t_1=(805.3+27.1)\div(3.938-1.38)=325(℃)$$

$$t_2=299.4+0.583\times325=489(℃)$$

$$t_3=359.9+0.546\times489=627(℃)$$

$$t_4=484+0.427\times627=752(℃)$$

**表2　各级预热器出口温度(℃)**

| $T_5$ | $T_4$ | $T_3$ | $T_2$ | $T_1$ |
|-------|-------|-------|-------|-------|
| 880 | 752 | 627 | 489 | 325 |

发电量计算

基准：1 kg 熟料

冷却机余风量：1.2 m³，温度 230 ℃；

预热器出口烟气量：1.4 m³；

预热器出口烟气温度：325 ℃；

设：SP 炉散热系数：2.5%；

SP 炉漏风系数：1.05；

SP 炉出口烟气热焓：450 kJ；

AQC 炉漏风：5%；

AQC 炉出口气体温度：90 ℃；

预热器出口烟气至 SP 炉温度下降 5 ℃。

工质在 SP 炉内吸热量即烟气放出热量：

$$q_{SP}=(1-0.025)V_{in}\times t_{in}\times C_p-V_{out}\times t_{out}\times C_p$$
$$=0.975\times1.4\times(325-5)\times1.524-450=216(kJ)$$

SP 炉排烟温度：$450\div(1.4\times1.05)\div1.524=201(℃)$

工质在 AQC 炉内吸热量：

$$q_{AQC} = 1.2(230 \times 1.31 - 1.05 \times 90 \times 1.3) = 214(kJ)$$

工质共吸热量：$\sum q = q_{SP} + q_{AQC} = 216 + 214 = 430(kJ)$

蒸汽参数：

锅炉出口：$p_0 = 1.83$ MPa，$t_0 = 311$ ℃，$h_0 = 3\ 052.4$ kJ/kg

汽机入口：$p_1 = 1.45$ MPa，$t_1 = 296$ ℃，$h_1 = 3\ 028.9$ kJ/kg，$s_1 = 6.945\ 3$ kJ/(kg·K)

汽机出口：$p_2 = 0.007$ MPa，$s_2 = 6.945\ 3$ kJ/(kg·K)，$h_2 = 2\ 159.4$ kJ/kg

锅炉水的热焓 $h_3 = 160$ kJ/kg

工质循环量：$G = \sum q \div (h_0 - h_3) = 430 \div (3\ 052.4 - 160) = 0.148\ 7$ kg

理论作功量：$\omega_t = h_1 - h_2 = 3\ 028.9 - 2\ 159.4 = 869.5$ kJ

吨熟料发电量：

$$E = G \times \omega_t \times \eta_{oi} \times \eta_m \times \eta_e \div 3\ 600$$

式中，$G$——循环工质质量；

　　　$\omega_t$——1 kg 工质理论作功量，即等熵过程时的作功量；

　　　$\eta_{oi}$——汽机相对内效率，由于存在摩擦等现象，实际是熵增过程之损失；

　　　$\eta_m$——汽机机械效率（摩擦损失）；

　　　$\eta_e$——发电机效率，包括机械效率及发电机内部电阻、电感形成的损失。

3 600 为热能与功的换算系数，1 kWh = 3 600 kJ。

$$E = 0.148\ 7 \times 10^3 \times 869.5 \times 0.78 \times 0.98 \times 0.96 \div 3600 = 26.4(kWh/t)$$

表3　不同预热器级数吨熟料发电量计算结果汇总表

| 预热器级数 | 四级 | 五级 | 六级 |
|---|---|---|---|
| 吨熟料发电量（kWh/t） | 39 | 26.4 | 19.1 |

## 4.2　烟气分流法

以五级预热器窑为例，从Ⅳ级预热器出口进行分流，分流比 50%，通过物料平衡计算见下表。

表4　物料平衡

| | V | Ⅳ | Ⅲ | Ⅱ | Ⅰ | 入口 |
|---|---|---|---|---|---|---|
| $G_{进}$（m³） | | 1.345 | 0.679 | 0.686 | 0.693 | |

|  | V | IV | III | II | I | 入口 |
|---|---|---|---|---|---|---|
| $G_出$ (m³) | 1.345 | 1.358 | 0.686 | 0.693 | 0.7 |  |
| $C_p$ [kJ/(m³·℃)] | 1.667 | 1.617 | 1.551 | 1.508 | 1.478 |  |
| $m$ (kg) | 1.212 | 1.665 | 1.727 | 1.849 | 1.865 | 1.744 |
| $a$ (kg) | 0.165 | 0.227 | 0.236 | 0.252 | 0.13 |  |
| $C_m$ [kJ/(kg·℃)] | 1.086 | 1.072 | 1.0 | 0.949 | 0.91 | 0.878 |

各级出口温度分布（利用热平衡计算）

IV级

入：$0.975 \times 1.345 \times 1.667 \times 880 + 0.165 \times 1.086 \times 865 + 1.727 \times 1 \times (t_3 - 15)$

$= 2\ 052.8 + 1.727 t_3$

出：$1.358 \times 1.617 t_4 + 0.227 \times 1.072 \times (t_4 - 15) + 1.665 \times 1.072(t_4 - 15) =$

$4.224 t_4 - 30.4$

$t_4 = (2\ 052.8 + 30.4 + 1.727 t_3) \div 4.224 = 493.3 + 0.409 t_3$

III级

入：$0.975 \times 0.679 \times 1.617 t_4 + 0.114 \times 1.072 (t_4 - 15) + 1.849 \times 0.949 (t_2 - 15)$

$= 1.193 t_4 + 1.755 t_2 - 28.6 = 1.193(493.3 + 0.409 t_3) + 1.755 t_2 - 28.6$

$= 559.8 + 0.488 t_3 + 1.755 t_2$

出：$0.686 \times 1.551 t_3 + 0.236 \times 1 (t_3 - 15) + 1.727 \times 1 (t_3 - 15)$

$= 3.027 t_3 - 29.4$

$t_3 = (559.8 + 29.4 + 1.755 t_2) \div (3.027 - 0.488)$

$= 232.2 + 0.691 t_2$

II级

入：$0.975 \times 0.686 \times 1.551 t_3 + 0.236 \times 1 (t_3 - 15) + 1.865 \times 0.91 (t_1 - 15)$

$= 1.273 t_3 + 1.697 t_1 - 28.9 = 1.273(232.4 + 0.691 t_2) + 1.693 t_1 - 28.9$

$= 266.9 + 0.88 t_2 + 1.693 t_1$

出：$0.693 \times 1.508 t_2 + 0.252 \times 0.949 (t_2 - 15) + 1.849 \times 0.949 (t_2 - 15)$

$= 3.039 t_2 - 29.9$

$t_2 = (266.9 + 29.9 + 1.693 t_1) \div (3.039 - 0.88) = 137.5 + 0.784 t_1$

I级

入：$0.975 \times 0.693 \times 1.508 t_2 + 0.252 \times 0.949 (t_2 - 15) + 1.744 \times 0.878 \times 70$

$= 1.258 t_2 + 103.6 = 1.258(137.5 + 0.784 t_1) + 103.6 = 276.6 + 0.986 t_1$

出：$0.7 \times 1.478 t_1 + 0.13 \times 0.91 (t_1 - 15) + 1.865 \times 0.91 (t_1 - 15) = 2.85 t_1 - 27.2$

$$t_1 = (276.6 + 27.2) \div (2.85 - 0.986) = 163(℃)$$

$$t_2 = 137.5 + 0.784 \times 163 = 266.3(℃)$$

$$t_3 = 232.2 + 0.691 \times 266.3 = 415.5(℃)$$

$$t_4 = 493.3 + 0.409 \times 415.5 = 663.2(℃)$$

分流后余热发电计算方法说明：

(1) 系统欠热量 $\Delta h$，即从系统引出有效热，等于入分解炉物料热焓之差 $\Delta h_m$。

(2) 欠热量与补充燃料热 $\Delta h_r$ 的关系。

由于燃料产生的烟气从系统排出时带出其热焓 $\Delta h_r$，即燃料热没有全部被利用，同时增加的三次风取自环境空气，热焓为零 $\Delta h_a = 0$。

$$\Delta h_r = \Delta h + \Delta h_g - \Delta h_a$$

$$\Delta h_g = \alpha \Delta h_r; \Delta h_a = \beta \Delta h_r$$

$$\Delta h_r = \Delta h \div (1 - \alpha)$$

(3) 补充燃料产生的烟气随同引出烟气进入 SP 炉，不影响预热器系统的固气比。

(4) 供发电进入 SP 炉的烟气量为从原系统中分流出烟气与补充燃料产生烟气之和。

(5) 分流后预热器出口气体和 SP 炉出口烟气共同作为原料烘干的热源，因此 SP 炉出口烟气热焓为原料烘干要求的热焓与预热器出口气体热焓之差。

表 5 各级预热器出口温度(℃)

| 预热器序号 | V | IV | III | II | I |
|---|---|---|---|---|---|
| 温度 | 880 | 663 | 416 | 266 | 163 |

需补充热：

进入分解炉物料热焓差：

$$\Delta h_{m4} = G_m [C_{m4}(t_{g4} - \Delta t_{gn}) - C'_{m4}(t'_{g4} - \Delta t_{gn})]$$

$$= 1.665[1.092(752 - 15) - 1.071(663 - 15)] = 184.5(kJ)$$

从 IV 级出口引出烟气温度 663 ℃，1 kg 实物煤产生烟气量 7.276 $m^3$，平均比热容 1.617 kJ/($m^3$·℃)，烟气热焓：$1.617 \times 7.276 \times 663 = 7\,800(kJ)$

$$\alpha = 7\,800 \div 23\,000 = 0.339\,1$$

补充燃料热：

$$\Delta h_r = \Delta h \div (1 - \alpha) = 184.5 \div (1 - 0.3391) = 279(kJ)$$

折合标准煤：$\Delta M=279\div 29\,300=0.009\,5(kg)$

$$\sum q=q_{AQC}+q_{SP}+q_r=214+216+0.975\times 279=702(kJ)$$

蒸汽参数：

锅炉出口 $p_0=9.2$ MPa，$t_0=550$ ℃，$h_0=3\,507$ kJ/kg

汽机入口 $p_1=8.83$ MPa，$t_1=535$ ℃，$h_1=3\,474$ kJ/kg，$s_1=6.777\,1$ kJ/(kg·K)

汽机出口 $p_2=0.004$ MPa，$s_2=6.777\,1$ kJ/(kg·K)，$h_2=2\,040$ kJ/kg

锅炉给水 38 ℃，$h_3=160$ kJ/kg

工质循环量：$G=\sum q\div(h_0-h_3)=702\div(3\,507-160)=0.209\,7(kg)$

1 kg 工质理论作功量 $\omega_t=h_1-h_2=3\,474-2\,040=1\,434(kJ/kg)$

吨熟料发电量：

$$E_1=0.209\,7\times 10^3\times 1\,434\times 0.85\times 0.986\times 0.97\div 3\,600=67.9(kWh/t)$$

增加电量：$\Delta E=E_1-E=67.9-26.4=41.5(kWh/t)$

增加标准煤：$\Delta M=0.009\,5$ kg

增加电量单位标煤耗：$Z=\Delta M/\Delta E=0.009\,5\times 10^6\div 41.5=229(g/kWh)$

## 4.3　效果分析

### 4.3.1　增加发电量分析

余热发电量：

产生工质量：$G_1=(q_{AQC}+q_{SP})\div(h_0-h_3)=(214+216)\div(3\,507-160)=$
$0.128\,4(kg)$

1 kg 工质理论作功量：$\omega_t=h_1-h_2=3\,474-2\,040=1\,434(kJ)$

发电量：$E'=G_1\times\omega_t\times\eta_{oi}\times\eta_m\times\eta_e\div 3\,600=0.128\,4\times 10^3\times 1\,434\times 0.85\times$
$0.986\times 0.97\div 3\,600=41.6(kWh/t)$

由余热增加发电量：$\Delta E_1=E'-E=41.6-26.4=15.2(kWh/t)$

由增加燃料发电量：

产生工质量：$0.975 q_r\div(h_0-h_3)=0.975\times 279\div(3\,507-160)=0.081\,3(kg)$

增加发电量：

$$\Delta E_2=0.081\,3\times 10^3\times 1\,434\times 0.85\times 0.986\times 0.97\div 3\,600=26.3(kWh/t)$$
$$\Delta E=\Delta E_1+\Delta E_2=15.2+26.3=41.5(kWh/t)$$

### 4.3.2　高固气比节能效果

纯余热发电时预热器出口烟气温度 325 ℃，烟气量 1.4 m³，烟气平均比热容
1.525 kJ/(m³·℃)

烟气热焓:$h_f$=1.4×1.525×325=694(kJ)

分流后预热器出口烟气温度 163 ℃,烟气量 0.7 m³,烟气平均比热容 1.478 kJ/(m³·℃)

烟气热焓:$h'_f$=0.7×1.478×163=169(kJ)

高固气比收益:0.5×694−169=178(kJ)

1 kg 燃料产生烟气量 7.276 m³

分流后预热器出口烟气热焓:7.276×1.478×163=1 753(kJ)

与燃料热量之比:1 753÷29 300=0.06

高固气比收益的燃料热:178÷(1−0.06)=189(kJ)

折合节约标准煤:189÷29 300=0.006 46(kg)

现实际增加标准煤:0.009 5 kg

说明如无固气比效应应该增加:0.009 5+0.006 46=0.015 96(kg)

节约标准煤量与原总标准煤的比值:(0.006 46÷0.015 96)×100%=40.5%

### 4.3.3　增加发电量单位电量标煤耗分析

$$增加电量的标煤耗 \ Z = \frac{M}{\Delta E} = \frac{M_0 - \Delta M}{\Delta E_1 + \Delta E_2}$$

式中:$M$——实际增加燃料量;

$\quad M_0$——原应增加燃料量;

$\quad \Delta M$——固气比收益燃料量;

$\quad \Delta E$——增加发电量;

$\quad \Delta E_1$——余热部分由提高蒸汽参数而增加发电量;

$\quad \Delta E_2$——由增加燃料而增加发电量。

$$Z = \frac{M}{\Delta E} = \frac{M_0 - \Delta M}{\Delta E_1 + \Delta E_2} = \frac{0.015\ 96 - 0.006\ 46}{15.2 + 26.3} \times 10^6 = 229 \ \text{g/kW·h}$$

分子中原应增加燃料量为 $M_0$,由于有固气比收益减少了补充燃料量 $\Delta M$,实际增加燃料量 $M$。$M=M_0-\Delta M=0.015\ 96-0.006\ 46=0.009\ 5$

分母中除有由增加燃料增加的发电量 $\Delta E_2 = 26.3$ kW·h 外,还有由蒸汽参数提高而余热部分提高的发电量 $\Delta E_1 = 15.2$ kW·h,这部分是不需增加燃料的。

由于上述两个积极因素,是烟气分流法独有的特点,因此,增加电量的单位热耗可低于大型机组的先进水平。

表6  四级、五级、六级预热器各级预热器出口温度分布

| 预热器级数 | 分流预热器序号 | 各级预热器出口温度/℃ | | | | | |
|---|---|---|---|---|---|---|---|
| | | VI | V | IV | III | II | I |
| 四级 | 未分流 | | | 880 | 718 | 524 | 380 |
| | II | | | 880 | 704 | 513 | 264 |
| | III | | | 880 | 674 | 435 | 240 |
| | IV | | | 880 | 547 | 343 | 201 |
| 五级 | 未分流 | | 880 | 752 | 627 | 489 | 325 |
| | III | | 880 | 713 | 537 | 320 | 187 |
| | IV | | 880 | 663 | 416 | 266 | 163 |
| | V | | 880 | 562 | 377 | 237 | 152 |
| 六级 | 未分流 | 880 | 765 | 657 | 547 | 428 | 286 |
| | III | 880 | 746 | 605 | 455 | 279 | 168 |
| | IV | 880 | 719 | 545 | 341 | 218 | 142 |
| | V | 880 | 678 | 469 | 311 | 206 | 137 |
| | VI | 880 | 588 | 383 | 272 | 186 | 128 |

表7  四级、五级、六级预热器窑烟气分流法发电量等相关指标

| 预热器级数 | 分流预热器序号 | $E/$ $(kWh \cdot t^{-1})$ | $\Delta E/$ $(kWh \cdot t^{-1})$ | $\Delta M_B/$ $(kg \cdot t^{-1})$ | $Z/$ $(g \cdot kWh^{-1})$ |
|---|---|---|---|---|---|
| 四级 | 未分流 | 39 | | | |
| | II | 53.2 | 14.2 | 1.37 | 96 |
| | III | 76.4 | 37.4 | 7.11 | 206 |
| | IV | 116.3 | 77.3 | 22.15 | 287 |
| 五级 | 未分流 | 26.4 | | | |
| | III | 48 | 21.6 | 4.17 | 193 |
| | IV | 67.9 | 41.5 | 9.5 | 229 |
| | V | 110 | 83.6 | 24.77 | 296 |
| 六级 | 未分流 | 19.1 | | | |
| | III | 31 | 11.9 | 2.14 | 179 |
| | IV | 41.8 | 22.7 | 4.51 | 199 |
| | V | 59.6 | 40.5 | 9.569 | 236 |
| | VI | 97.4 | 78.3 | 22.34 | 297 |

从上表可以看出,增加电量的单位标煤耗随着吨熟料发电量增加而增加,这是内补燃型的共性。

## 5　烟气分流法的可行性分析

(1) 增加电量的单位煤耗低,吨熟料发电量较高,单位投资省,说明在经济上是合理的。

(2) 预热器流程有别于传统的预热器流程,需要进行针对性设计,按国内设计水平,在技术上不存在障碍。

(3) 如在现有生产线上实施,需对现有预热器系统作相应的改动,应注意管道内和预热器进口风速、排灰阀卸料能力以及分解炉能力适应等方面。

(4) 所采用装置均为通用设备,其发电热力系统亦属传统的热力系统均无需另行开发。

(5) 由于进分解炉物料温度有所降低,在运行上有一适应过程,但需要注意分流比的控制手段。

总之,在经济上是可行的,在技术上按目前已有水平,实施不存在技术上的障碍。

## 6　结语

(1) 烟气分流法是属于内补燃型。内补燃型的主要特点是补充的燃料热可全部有效利用,相当于补充燃料热在锅炉内热效率为 100%,有效地降低单位电量的热耗。

(2) 补充燃料是在具有很强的脱硫功能和低燃烧 $NO_x$ 的分解炉内燃烧,其烟气有害组分含量低,具有节能和环保意义。

(3) 烟气分流法补充燃料不是单纯为系统增热,而是使预热系统发生质的变化,一是为分流创造条件;二是为预热器出口烟气中的低温热焓转移和浓缩至引出温度较高的烟气中,使该部分热能升级。补充燃料犹如阳光照射于地球,是为系统注入负熵流;三是提高预热器内固气比,其提高预热器热效率,降低燃料用量,增加电量的单位热耗,可与全国火力发电厂的先进水平相媲美。

(4) 烟气分流法可将原预热器出口部分烟气热能转移至分流出温度较高的烟气之中,热能在质量上升级,提高了该部分热能的最大作功能力,可产生较高的蒸汽参数,提高朗肯循环热效率,提高单位热能的发电量。

(5) 烟气分流法的 SP 炉与预热器是并流气路,其流体阻力低于其他方法的串流气路,可降低发电的自用电,增加供电量。

（6）烟气分流法,入 SP 炉烟气温度较高,炉内烟气与工质的平均温差较大,传热速率快,所需传热面积(排管数量)少,可降低锅炉规格,节约投资。

（7）烟气分流法是基于理论分析得出余热发电新的流程,在保证原有的生产能力条件下虽需增加燃料,但具有增加电量的单位标煤耗远低于现有方法,甚至低于大型火力发电厂的水平,其节能效果显著,在经济上是合理的,而且吨熟料发电量高,技术上是可行的。

# 附录

**各项效率与蒸汽参数表（摘自电力工程师手册）**

| 蒸汽压力/MPa | 蒸汽温度/ ℃ | $\eta_{oi}$ /% | $\eta_m$ /% | $\eta_e$ /% | 标煤耗/($g \cdot kWh^{-1}$) |
|---|---|---|---|---|---|
| 1.3 | 340 | 76～82 | 96.5～98.5 | 93～96 | 455 |
| 3.5 | 436 | 82～85 | 98.6～99 | 96.5～97.5 | 424～384 |
| 9 | 535 | 85～87 | 99 | 98～98.5 | 341～315 |
| 13.5 | 535～550 | 86～89 | 99 | 99 | 299～281 |
| 16.5 | 535～550 | 88～90 | 99 | 99 | 280～267 |

注:烟气分流法以《水泥预分解窑废气余热的发电系统及其发电方法》于 2008 年 1 月 16 日授权发明专利。专利号 ZL2004 1 0049604.1

# 试论水泥旋风预热器窑余热发电方法[*]

**摘要**:对目前国内新型干法水泥窑余热发电技术已开发出的各种流程和方法进行了科学分类;同时根据热平衡关系,在可比条件下计算各种方法的相关数据[吨熟料发电量 $E(kWh/t)$;所增发电量的单位标煤耗 $Z(g/kWh)$]并据此进行分析比较。分析研究结果表明:(1) 在系统内补充部分燃料,可以全部转化为工质热能,因此内补燃型是有一定生命力的;(2) 从预热器系统中抽取烟气供发电(烟气分流法),在一定条件下 $Z$ 值可与火力发电先进水平相媲美,其综合效果比从冷却机抽取热空气发电的方法更可取,具有良好的发展前景。

**关键词**:新型干法水泥窑;余热发电技术;吨熟料发电量;单位电量标煤耗

## 0 前言

水泥预热器、预分解窑余热发电是节能减排的重要举措,又是企业经济效益新的增长点,目前,大约有 60% 以上的新型干法生产线配套建设了余热发电装置。自从"八五"攻关的补燃炉法起步至今,在余热发电技术上取得了可喜的进步,且发展势头强劲,在理论界也很活跃,已有不少分析文章和实施案例的报道。本文就余热发电方法作具体分析,供参考。

## 1 新型干法水泥回转窑余热发电的特点

(1) 可利用余热的载体(气体)温度低,只能产生低参数蒸汽;

(2) 水泥窑热效率相对于其他行业比较高,相对地单位余热量较少;

(3) 有冷却机余风和预热器出口废气两个热源,需分别设置 AQC 炉和 SP 炉,且供发电烟气温度不同,其排烟温度要求也不同,热力系统需要合理匹配。

由于上述特点,决定了新型干法水泥回转窑纯余热发电不仅吨熟料发电量低,而且单位热能发电量低。为提高余热发电的节能和经济效果,这就要求人们广开思路,不断探索,寻求高效的发电方法。

---

* 原发表于《水泥工程》2011 年第 5 期。

## 2　新型干法水泥回转窑余热发电的类型

通过多年实践经验和经过不断地探索,根据余热利用情况已开发出多种方法和流程。余热发电类型有纯余热型和补燃型,补燃型又可分为外补燃型和内补燃型,内补燃型又有多种方法,见图1。

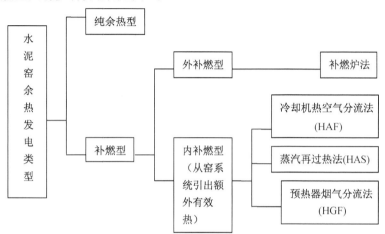

**图1　水泥窑余热发电类型图**

### 2.1　纯余热型

纯余热发电型的特点是水泥窑系统不作任何改变,不引出水泥窑系统有效热,不因发电而增加燃料量,其节能性最为直观,曾是人们所推崇的发电方法。目前真正纯余热发电只在四级预热器窑上实施。至于五级预热器窑的余热发电,均自称纯余热发电,但情况各有不同,难以统一定性。

### 2.2　外补燃型——补燃炉法

“八五”期间,由于受当时技术水平所限,纯余热型发电吨熟料发电量偏低,规模效益差,加之水泥预热器窑的技术发展主流方向是降低单位熟料热耗,意味着余热量减少,发电量更低。在此背景下,为提高单位熟料发电量,最初尝试的水泥窑余热发电是外加补燃炉型,并列入“八五”国家攻关项目。

其原旨是用外加一台燃煤锅炉(补燃炉)的高温烟气来再过热 SP 炉出口蒸汽并适量增加工质循环量,以提高吨熟料发电量。但在实施中由于受经济效益驱使,过度追求发电量,补燃量过大,而且受规模限制,只能采用中参数机组,在未计入余热的情况下总电量的单位标煤耗高达 600 g/kWh 以上,其增加电量的单位煤耗远远高于国内蒸汽动力发电厂的平均水平,成为变相的低效小火力发电,有悖于节能减排的原旨,其发电成本已接近外购电价,现已淘汰,不再采用。

## 2.3 内补燃型

### 2.3.1 提高冷却机余风温度法(HAF)

始于日本石川岛公司提供给宁国水泥厂一套余热发电装置。为提高吨熟料发电量,增加供发电热能,从窑系统冷却机引出额外有效热,窑系统处于欠热状态,破坏了原热平衡,必须向系统补充燃料,否则将导致熟料欠烧或产量下降,为区别于补燃炉法,故称内补燃型。为提高余风温度,普遍效仿宁国水泥厂的办法,改造冷却机,将余风管道向热端移动,实际上是将原供窑的助燃空气进行分流,故称冷却机热空气分流法(HA2)。

### 2.3.2 蒸汽再过热法(HAS)

在提高冷却机余风温度的基础上,利用三次风使蒸汽进一步过热,提高蒸汽参数,达到中参数水平,提高工质作功能力,增加发电量。

### 2.3.3 预热器烟气分流法(HGF)简称烟气分流法

在相连接的两级预热器之间的管道上,设一三通支管将烟气进行分流,SP炉

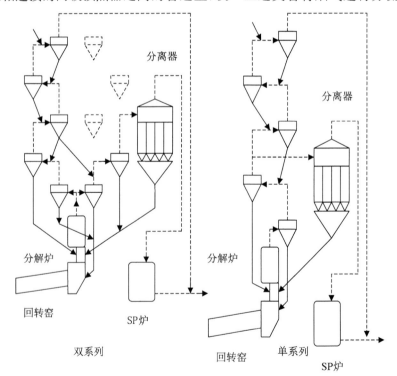

**图2 五级预热器窑从Ⅳ级出口烟气分流流程图**

与预热器是并联流程。其中一部分烟气仍留在预热器内,按气流原方向进入上一级预热器;分流出另一部分作为发电热源的烟气经设置的分离器,进一步净化,以缓解锅炉积灰和排管磨损,并借以调节两并联气路的阻力使之趋于平衡,同时设置调节阀,以控制分流比。烟气净化后进入 SP 炉,SP 炉出口烟气会同预热器出口烟气共同作为原料烘干热源。(见图 2)

烟气分流法由于将烟气分流,为适应现有双系列预热器生产线的改造,分流比定为 1∶1(分流比可任意设定),预热器内的烟气量降低 50％,固气比提高了一倍,预热器出口烟气温度相应地降低约一半。通过烟气分流将原预热器出口烟气的热能转移、浓缩于引出温度较高供发电的烟气之中,使热能升级,产生较高参数的蒸汽,由于固气比的提高,提高了预热器热效率,其收益降低了窑系统实际欠热量 $\Delta h_{act}$(热平衡中支出与收入的差值),从而降低了所应补燃量,降低了增加电量的单位标煤耗。图 3 为五级预热器Ⅳ级出口分流前后的热流图。

**图 3　五级预热器Ⅳ级出口分流前后的热流图**

## 3　提高余风温度的热力特性分析

以纯余热发电作为不同方法分析比较的基准。为使其具有可比性,各种方法均采用相同的设定条件和运算方法;初蒸汽参数根据相同乏汽压力和干度选取;汽机相对内效率、汽机机械效率、发电机效率根据蒸汽参数和汽机规格均取自于《电力工程师手册》

### 3.1　冷却机热分析

余风温度分别为 $t$ 和 $t'$ 时,冷却机的热流图见图 4。

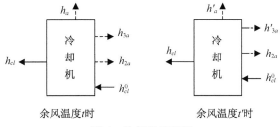

余风温度 $t$ 时　　　　　余风温度 $t'$ 时

**图 4　冷却机热流图**

图中：$h_{cl}^0$——出窑熟料热焓；

$h_{cl}$——冷却机出口熟料热焓；

$h_a$——余风温度为 $t$ 时余风热焓；

$h_a'$——余风温度为 $t'$ 时余风热焓；

$h_{2a}$——二次风热焓；

$h_{3a}$——余风温度为 $t$ 时三次风热焓；

$h_{3a}'$——余风温度为 $t'$ 时三次风热焓。

余风温度为 $t$ 时热平衡方程：$h_{cl}^0 = h_{2a} + h_{3a} + h_a + h_{cl}$

余风温度为 $t'$ 时热平衡方程：$h_{cl}^0 = h_{2a} + h_{3a}' + h_a' + h_{cl}$

则：$h_{3a} + h_a = h_{3a}' + h_a'$

引出额外热：
$$\Delta h = h_a' - h_a = h_{3a} - h_{3a}' \tag{1}$$

上式说明引出额外热 $\Delta h$ 等于三次风热焓的降低值（$h_{3a} - h_{3a}'$）。

### 3.2 AQC 炉热分析

余风温度分别为 $t$ 和 $t'$ 时 AQC 炉的热流图，见图 5。

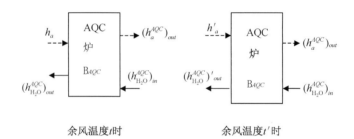

余风温度 $t$ 时　　　　　　　余风温度 $t'$ 时

**图 5　AQC 炉热流图**

图中：$(h_{H_2O}^{AQC})_{in}$——锅炉给水热焓；

$(h_{H_2O}^{AQC})_{out}$——余风温度为 $t$ 时锅炉出口工质热焓；

$(h_{H_2O}^{AQC})_{out}'$——余风温度为 $t'$ 时锅炉出口工质热焓；

$(h_a^{AQC})_{out}$——AQC 炉出口空气热焓。

由 AQC 炉的热流图建立 AQC 炉的热平衡方程如下：

余风温度为 $t$ 时热平衡方程：$h_a + (h_{H_2O}^{AQC})_{in} = (h_a^{AQC})_{out} + (h_{H_2O}^{AQC})_{out}$

余风温度为 $t'$ 时热平衡方程：$h_a' + (h_{H_2O}^{AQC})_{in} = (h_a^{AQC})_{out} + (h_{H_2O}^{AQC})_{out}'$

$$\Delta h = h_a' - h_a = (h_{H_2O}^{AQC})_{out}' - (h_{H_2O}^{AQC})_{out} \tag{2}$$

式(2)说明引出额外热 $\Delta h$ 全部转化为工质热焓增量。

## 3.3　分解炉热分析

由于从冷却机中引出额外热,系统将处于欠热(热收入低于热支出)状态。从 $h'_{3a} = h_{3a} - \Delta h$ 得知,引出有效热 $\Delta h$,其结果是导致进入分解炉三次风热焓降低,结果使入窑物料分解率降低。为保持水泥窑产量,则需向分解炉补充燃料 $\Delta h_r$,使入窑物料分解率达到原有水平。余风温度分别为 $t$ 和 $t'$ 时,分解炉的热流图见图6。

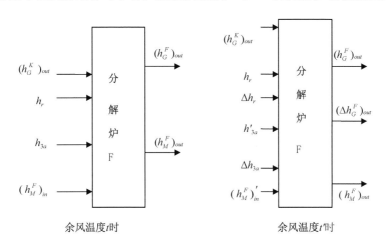

**图 6　分解炉热流图**

图中:$h_r$——余风温度为 $t$ 时入分解炉燃料热焓;

$(h^K_G)_{out}$——出窑烟气热焓;

$\Delta h_r$——补充燃料热焓;

$(h^F_M)_{in}$——余风温度为 $t$ 时入口物料热焓;

$(h^F_M)'_{in}$——余风温度为 $t'$ 时分解炉入口物料热焓;

$(\Delta h^F_G)_{out}$——补充燃料产生烟气的热焓:

$(h^F_M)_{out}$——余风温度为 $t$ 时分解炉出口物料热焓(含分解热);

$(h^F_M)'_{out}$——余风温度为 $t'$ 时分解炉出口物料热焓(含分解热);

$(h^F_G)_{out}$——余风温度为 $t$ 时分解炉出口烟气热焓;

$\Delta h_{3a}$——补充三次风热焓。

余风温度为 $t$ 时热平衡方程:

$$h_r + (h^K_G)_{out} + h_{3a} + (h^F_M)_{in} = (h^F_G)_{out} + (h^F_M)_{out}$$

余风温度为 $t'$ 时热平衡方程:

$$h_r + \Delta h_r + (h_G^K)_{out} + h'_{3a} + \Delta h_{3a} + (h_M^F)'_{in} = (h_G^F)_{out} + (\Delta h_G^F)_{out} + (h_M^F)'_{out}$$

$$\Delta h_r + (h'_{3a} - h_{3a}) + \Delta h_{3a} = (\Delta h_G^F)_{out}$$

则:
$$\Delta h_r = \Delta h - \Delta h_{3a} + (\Delta h_G^F)_{out} \tag{3}$$

由于冷却机内之热空气热焓已被全部利用,增加的三次风只能取用环境条件下的空气,即 $\Delta h_{3a} = 0$,

则
$$\Delta h_r = \Delta h + (\Delta h_G^F)_{out}$$

## 3.4 预热器热分析

余风温度分别为 $t$ 和 $t'$ 时,预热器的热流图见图 7。

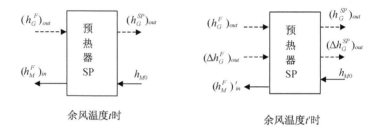

余风温度 $t$ 时　　　　　　　余风温度 $t'$ 时

**图 7　预热器热流图**

图中:$(h_G^{SP})_{out}$——余风温度为 $t$ 时预热器出口烟气热焓;

$(\Delta h_G^{SP})_{out}$——余风温度为 $t'$ 时预热器出口由补充燃料产生烟气热焓;

$h_{M0}$——预热器入口生料热焓。

由预热器的热流图建立热平衡方程如下:

余风温度为 $t$ 时热平衡方程:

$$(h_G^F)_{out} + h_{M0} = (h_M^F)_{in} + (h_G^{SP})_{out}$$

余风温度为 $t'$ 时热平衡方程:

$$(h_G^F)_{out} + (\Delta h_G^F)_{out} + h_{M0} = (h_M^F)'_{in} + (h_G^{SP})_{out} + (\Delta h_G^{SP})_{out}$$

$$(h_M^F)'_{in} - (h_M^F)_{in} = (\Delta h_G^F)_{out} - (\Delta h_G^{SP})_{out}$$

将上式代入式(3)得到:

$$\Delta h_r = (h_{3a} - h'_{3a}) - \Delta h_{3a} + (\Delta h_G^{SP})_{out} \tag{4}$$

## 3.5　SP 炉热分析

余风温度分别为 $t$ 和 $t'$ 时，SP 炉的热流图，见图 8。

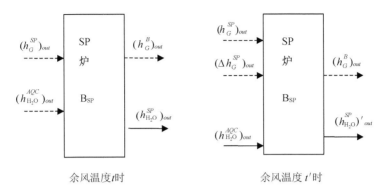

余风温度 $t$ 时　　　　　　　　　　余风温度 $t'$ 时

**图 8　SP 炉热流图**

图中：$(h_{H_2O}^{AQC})_{out}$——来自 AQC 炉工质热焓；

　　　$(h_{H_2O}^{SP})_{out}$——余风温度为 $t$ 时 SP 炉出口蒸汽热焓；

　　　$(h_{H_2O}^{SP})'_{out}$——余风温度为 $t'$ 时 SP 炉出口蒸汽热焓；

　　　$(h_G^B)_{out}$——SP 炉排烟热焓。

由 SP 炉的热流图建立热平衡方程如下：

余风温度为 $t$ 时热平衡方程：

$$(h_G^{SP})_{out} + (h_{H_2O}^{AQC})_{out} = (h_G^B)_{out} + (h_{H_2O}^{SP})_{out}$$

余风温度为 $t'$ 时热平衡方程：

$$(h_G^{SP})_{out} + (\Delta h_G^{SP})_{out} + (h_{H_2O}^{AQC})_{out} = (h_G^B)_{out} + (h_{H_2O}^{SP})'_{out}$$

锅炉排烟热焓 $h_{G,out}^B$ 是供原料烘干的热源，当原料初水分一定时是一定值，则：

$$(\Delta h_G^{SP})_{out} = (h_{H_2O}^{SP})'_{out} - (h_{H_2O}^{SP})_{out} = \Delta h_{H_2O} \tag{5}$$

上式说明补充燃料产生烟气从预热器排出的热焓 $(\Delta h_G^{SP})_{out}$ 全部转化为工质热焓的增量 $\Delta h_{H_2O}$。

在 AQC 炉热平衡分析中已证明引出有效热 $\Delta h = (h_{H_2O}^{AQC})'_{out} - (h_{H_2O}^{AQC})_{out}$ 全部转化为工质热焓，因此有

$$\Delta h_r = \Delta h + \Delta h_{H_2O} \tag{6}$$

上式说明补充燃料的热能是补充从冷却机引出热焓和工质热焓的增量，即补

充燃料热可全部转化为工质热能,相当于补充燃料在锅炉内热效率为100%,这是外补燃型甚至任何火力发电厂所不及的,是内补燃型的很重要特点。同时内补燃型的燃料在分解炉内燃烧,其烟气有害成分含量少,因此具有一定的生命力。

由于从冷却机引出额外热不仅使冷却机热回收率降低,而且由于需补充燃料,烟气量增加,预热器内固气比降低,导致预热器热效率降低,据了解余热发电后预热器出口废气温度均有所提高,曾有报道对五级预热器而言大多比正常值高约20℃。冷却机热回收率和预热器热效率降低,意味着热损失增加,需增加用煤量,有关报道中披露,一般要增加标准煤约3~4 kg/t,有的更高。如某厂未发电时熟料产量116.25 t/h,总用煤量17.182 t/h,单位熟料煤耗148 kg/t;发电后熟料产量117.275 t/h,总用煤量18.261 t/h,单位熟料煤耗增至156 kg/t。即余热发电投运后的吨熟料煤耗比原先增加8 kg/t。

## 4  固气比效应

对于内补燃发电,由于补燃后烟气量增加,导致预热器固气比降低,对预热器出口烟气温度及其热损失均会产生影响。笔者在《多级旋风预热器热效率分析》文中,对固气比效应进行了探索,得出下列关系式。

### 4.1  固气比与预热器出口烟气温度

其关系式:

$$\sum \delta t_g = k_{SG(t)} \delta R_{SG} \tag{7}$$

$k_{SG(t)}$ 称为固气比效应温度系数。

四级预热器:$k_{SG(t)} = (-276)$;五级预热器:$k_{SG(t)} = (-309)$;六级预热器:$k_{SG(t)} = (-338)$。

### 4.2  固气比与预热器出口烟气热损失

其关系式:

$$\delta q_f = -k_{SG(f)} \delta R_{SG} \tag{8}$$

$k_{SG(f)}$ 为固气比效应热损失系数。

平均为: $$(k_{SG(f)})_{av} = -1\,229$$

### 4.3  固气比累进系数

固气比变化的特点是具有惯性,固气比变化将产生新的变化,其过程为几何级

数列,其总效果是累计值:

$$\sum h_f = h_f \frac{1}{1-a} \tag{9}$$

式中 $\frac{1}{1-a} = k_a$ 即为固气比效应累进系数。对于不同级数预热器其值变化不大,约为 $k_a = 1.3$。

## 5　各种方法效果测算

均以五级预热器为例。

### 5.1　纯余热发电

笔者在《一种水泥旋风预热器窑余热发电方法——烟气分流法》一文中已得出五级预热器窑吨熟料发电量 26.4 kWh。

### 5.2　HAF 法——冷却机热空气分流法

几点说明:

(1) 由于三次风和二次风最终均进入分解炉,因此提高余风温度后,设定仅三次风热焓降低而二次风热焓不变,则出窑烟气热焓也不变,这个设定是为了简化分析而不影响分析结果。

(2) 鉴于冷却机热空气已全部利用,增加的三次风来自环境条件下的空气,则增加三次风的热焓等于零。

(3) 提高余风温度后各单元表面散热量相差很小,因此在热平衡方程中均不考虑表面散热。

计算基准:1 kg 熟料。

在纯余热发电条件的基础上,其他条件不变,冷却机余风量 1.2 m³/kg,余风温度由 230 ℃提高至 360 ℃为例。计算基准为 1 kg 熟料。

引出额外热:

冷却机余风温度由 230 ℃提高到 360 ℃,则

引出有效热:$\Delta h = 1.2(360 \times 1.324 - 230 \times 1.31) = 210.4$(kJ)

1 kg 煤在分解炉内产生烟气量:7.276 m³

1 kg 煤产生烟气从预热器排出热焓:

$$G_g \times t_g \times C_g = 7.276 \times 325 \times 1.526 = 3\ 608(\text{kJ})$$

$$\alpha = 3\,608 \div 23\,000 = 0.156\,9$$

需要补充燃料热:

$$\Delta h_r = \Delta h \div (1-\alpha) = 210.4 \div (1-0.156\,9) = 250(\text{kJ})$$

折合实物煤:$250 \div 23\,000 = 0.010\,87(\text{kg})$

产生烟气量:$7.276 \times 0.010\,87 = 0.079\,1(\text{m}^3)$

固气比降低:$\Delta R_{SG} = 1.5 \div (1.345 + 0.079\,1) - 1.5 \div 1.345 = -0.061\,9$

固气比累计降低:$\sum \Delta R_{SG} = k_a \times \Delta R_{SG} = -1.3 \times 0.061\,9 = -0.080\,5$

提高预热器出口烟气温度:$\Delta t_g = k_{sg(t)} \times \Delta R_{SG} = -309 \times (-0.080\,5) = 25(\text{℃})$

预热器出口烟气温度:$325 + 25 = 350(\text{℃})$

1 kg 煤产生烟气从预热器排出热焓:

$$G_g \times t_g \times C_g = 7.276 \times 350 \times 1.533 = 3\,904(\text{kJ})$$

$$\alpha' = 3\,904 \div 23\,000 = 0.17$$

预热器出口烟气热损失增加:

$$\Delta h_f = k_{SG(f)} \times \sum \Delta R_{SG} = -1\,229 \times (-0.080\,5) = 99(\text{kJ})$$

$$\sum q = 210.4 + 99 = 309.4(\text{kJ})$$

增加燃料热:$\Delta q_r \div (1-\alpha') = 309.4 \div (1-0.17) = 373(\text{kJ})$

折合标准煤:$\Delta M = 373 \div 29\,300 = 0.012\,72(\text{kg})$

$$q_{\text{AQC}} = 214\ \text{kJ}$$

$$q_{\text{SP}} = 216\ \text{kJ}$$

$$\sum q = q_{\text{AQC}} + q_{\text{SP}} + 0.975 q_r = 214 + 216 + 0.975 \times 373 = 794(\text{kJ})$$

蒸汽参数:

锅炉出口:$p_0 = 2.15\ \text{MPa}$,$t_0 = 345\ ℃$,$h_0 = 3\,121.8\ \text{kJ/kg}$

汽机入口:$p_1 = 1.75\ \text{MPa}$,$t_1 = 330\ ℃$,$h_1 = 3\,109.7\ \text{kJ/kg}$

汽机出口:$p_2 = 0.008\ \text{MPa}$,$h_2 = 2\,183.2\ \text{kJ/kg}$

给水:$t_3 = 38\ ℃$;$h_3 = 160\ \text{kJ/kg}$

工质循环量:$G = \sum q \div (h_0 - h_3) = 794 \div (3\,121.8 - 160) = 0.268(\text{kg})$

1 kg 工质理论作功量:$\omega_t = h_1 - h_2 = 3\,109.7 - 2\,183.2 = 926.5(\text{kJ/kg})$

发电量:$E = 0.268 \times 10^3 \times 926.5 \times 0.82 \times 0.986 \times 0.97 \div 3\,600 = 54.1(\text{kWh})$

增加发电量:$\Delta E = 54.1 - 26.4 = 27.7(\text{kWh})$

增加标准煤:$\Delta M = 0.012\,72\ \text{kg}$

增加电量单位煤耗：$\Delta M \div \Delta E = 0.012\ 72 \times 10^6 \div 27.7 = 459(\text{g/kWh})$

增加发电量分析：

余热提高参数增加发电量：

余热产生工质量：$G_1 = (q_{\text{AQC}} + q_{\text{SP}}) \div (h_0 - h_3) = (214 + 216) \div (3\ 121.8 - 160) = 0.145\ 2(\text{kg})$

1 kg 工质理论作功量：$\omega_t = h_1 - h_2 = 3\ 109.7 - 2\ 183.2 = 926.5(\text{kJ})$

由余热产生发电量：$E_1 = G_1 \times \omega_t \times \eta_{oi} \times \eta_m \times \eta_e \div 3\ 600 = 0.145\ 2 \times 10^3 \times 926.5 \times 0.85 \times 0.986 \times 0.97 \div 3\ 600 = 30.4(\text{kWh/t})$

由余热提高参数增加发电量：$\Delta E_1 = 30.4 - 26.4 = 4(\text{kWh/t})$

由增加燃料发电量：

产生工质量：$G = 0.975 q_r \div (h_0 - h_3) = 0.975 \times 279 \div (3\ 507 - 160) = 0.081\ 3(\text{kg})$

增加发电量：$\Delta E_2 = 0.081\ 3 \times 10^3 \times 1\ 434 \times 0.85 \times 0.986 \times 0.97 \div 3\ 600 = 26.3(\text{kWh/t})$

## 5.3　HAS 法（蒸汽再过热法）

在提高冷却机余风温度为 360 ℃,的基础上,再加过热器,冷却机余风温度由 230 ℃提高到 360 ℃；

引出有效热：$\Delta h = 1.2(360 \times 1.324 - 230 \times 1.31) = 210.4(\text{kJ})$

工质循环量：$G = 0.268$ kg

锅炉出口蒸汽由 345 ℃,热焓 $h_0 = 3\ 121.8$ kJ

过热至 450 ℃,热焓：3 331.7 kJ

引出有效热：$\Delta h = 0.268 \times (3\ 331.7 - 3\ 121.8) = 56.2(\text{kJ})$

共引出有效热：$\sum \Delta h = 210.4 + 56.2 = 266.6(\text{kJ})$

$\Delta h_r = \Delta h \div (1 - \alpha) = 266.6 \div (1 - 0.156\ 9) = 316(\text{kJ})$

折合实物煤：$316 \div 23\ 000 = 0.013\ 7(\text{kg})$

共产生烟气量：$0.0137 \times 7.276 = 0.1(\text{m}^3)$

固气比降低：

$$\Delta R_{SG} = 1.5 \div (1.345 + 0.1) - 1.5 \div 1.345 = -0.077\ 2$$

固气比累计降低：$k_a \times \Delta R_{SG} = 1.3 \times (-0.077\ 2) = -0.1$

预热器出口烟气温度提高：$k_{\text{sg}(t)} \times \Delta R_{SG} = (-)309 \times (-)0.1 = 30.9(℃)$

预热器出口烟气温度：$325 + 30.9 = 355.9$ ℃

1 kg 煤产生烟气从预热器排出热焓：

$$7.276 \times 356 \times 1.535 = 3\ 976(\text{kJ})$$

$$\alpha' = 3976 \div 23\,000 = 0.173$$

由于固气比降低,预热器出口烟气热损失提高:

$$k_{SG(f)} \times \Delta R_{SG} = (-)1\,229 \times (-)0.1 = 123(kJ)$$

共计引出热:

$$\Delta q = 266.2 + 123 = 389.2(kJ)$$

$$\Delta q_r = 389.2 \div (1 - 0.173) = 470.6(kJ)$$

折合标准煤:$470.6 \div 29\,300 = 0.016\,06(kg)$

$$q_{AQC} = 214(kJ)$$

$$q_{SP} = 216(kJ)$$

$$\sum q = q_{AQC} + q_{SP} + q_r = 214 + 216 + 0.975 \times 470.6 = 888.8\ kJ$$

蒸汽参数:

过热器出口:$p_0 = 3.82\ MPa, t_0 = 450\ ℃, h_0 = 3\,331.7\ kJ/kg$

汽机入口:$p_1 = 3.43\ MPa, t_1 = 435\ ℃, h_1 = 3\,303\ kJ/kg, s_1 = 6.972\,3\ kJ/(kg \cdot K)$

汽机出口:$p_2 = 0.007\ MPa, s_2 = 6.972\,3\ kJ/(kg \cdot K), h_2 = 2\,167.9\ kJ/kg$

锅炉给水:$38\ ℃, h_3 = 160\ kJ/kg$

工质循环量:$\sum Q \div (h_0 - h_3) = 888.8 \div (3\,331.7 - 160) = 0.280\,2(kg)$

1 kg 工质理论作功量:$\omega_t = h_1 - h_2 = 3\,303 - 2\,167.9 = 1\,135.1(kJ/kg)$

发电量:

$$E = 0.280\,2 \times 10^3 \times 1\,135.1 \times 0.82 \times 0.986 \times 0.97 \div 3\,600 = 69.3(kWh)$$

增加电量:$\Delta E = 69.3 - 26.4 = 42.9(kWh)$

增加标准煤量:$\Delta M = 0.016\,06\ kg$

增加电量单位标准煤耗:$\Delta M \div \Delta E = 0.016\,06 \times 10^6 \div 42.9 = 375(g/kWh)$

## 5.4　HG 法——预热器烟气分流法(简称烟气分流法)

笔者在《一种水泥旋风预热器窑余热发电方法——烟气分流法》一文中已得出

吨熟料发电量:$E = 67.9\ kWh/t$

增加电量:$\Delta E = 67.9 - 26.4 = 41.5(kWh/t)$

增加标准煤:$\Delta M = 0.009\,5\ kg$

增加电量单位标煤耗:$Z = \Delta M / \Delta E = 0.009\,5 \times 10^6 \div 41.5 = 229(g/kWh)$

表 1　五级预热器余热发电计算结果汇总表

| 方法名称 | | 预热器出口烟温度 ℃ | 发电量 E (kWh/t) | 增量 ΔE (kWh/t) | 补充标煤量 ΔM (g) | 增量单位煤耗(Z) (g/kWh) |
|---|---|---|---|---|---|---|
| 纯余热 | | 325 | 26.4 | 0 | 0 | |
| HGF 法 | V | 152 | 109.4 | 83 | 24.77 | 298 |
| | IV | 163 | 67.9 | 41.5 | 9.5 | 229 |
| | III | 177 | 47.3 | 21 | 4.17 | 199 |
| HAF 法 | | 350 | 54.1 | 27.7 | 12.72 | 459 |
| HAS 法 | | 356 | 69.3 | 42.9 | 16 | 375 |

## 6　通过上述一系列分析比较的启示

（1）内补燃型热能利用率高是其重要特点,比之补燃炉法优越,具有一定的生命力,不应由于补燃而予以排斥;

（2）内补燃型中的 HAF 法、HAS 法,因补充燃料,不仅增加了烟气量,降低了固气比,而且提高了预热器出口烟气温度,增加热损失。目前预热器出口烟气温度普遍提高,均是增加燃料,增加烟气量,是降低固气比的结果。

（3）各种内补燃型吨熟料发电量均有提高,关键在于供发电烟气温度的提高,烟气分流法的提高幅度之所以最显著,是因供发电烟气温度最高。

（4）烟气分流法增加电量的单位标煤耗低,是由于除蒸汽参数高之外,同时有高固气比的收益,这是烟气分流法特有的因素。

（5）增加电量的单位标煤耗是随着吨熟料发电量增加而增加,这是所有余热发电内补燃型的共性。例如 HG 法中从入窑级预热器出口分流其补燃量过大,增加电量的单位标煤耗偏高,因此选择方案需作综合评估。

事物总是要发展的,随着火力发电技术的进步和不断淘汰高能耗的机组,据权威部门透露,20 万 W 机组其单位标准煤耗每度电平均为 400 g,已完全淘汰。100 万 W 机组标准煤耗仅 270 g,目前全国平均为 320 g,这对内补燃型余热发电是一个新的挑战,也是一个促进。相信水泥窑余热发电技术也将会有新的突破,为节能减排做出新的贡献。

## 7 结语

(1) 纯余热发电的概念应是水泥窑系统不作任何改变,不引出窑系统额外的有效热,其节能性最为直观。

(2) 水泥窑余热发电的目的首先是节能,其次才是经济效益。判断节能性的标志是增加燃料的利用率,即增加电量的单位标准煤耗,只有低于或持平全国火力电厂的平均水平,才无愧为节能。

(3) 内补燃型具有补充燃料热能可全部予以利用,转化为蒸汽的热能的重要特点,因此不应由于补充燃料而一概否定。

(4) 烟气分流法由于相对地降低补燃量和供发电烟气温度较高,产生较高参数的蒸汽,增加电量高,增加电量的单位标煤耗低,可与火力发电先进指标相媲美。其节能性优于纯余热发电型,具有社会意义。因此,衡量各种方法优劣的标准,首先是增加电量的单位耗标准煤量。

(5) HG 法其 SP 炉与预热器为并联气路,流体阻力低,可节电;其 SP 炉内烟气与工质温差大,传热速率快,锅炉规格小,可节约投资。

(6) 水泥窑余热发电是水泥工业节能减排的重要举措,但面临火力发电技术进步的挑战,因此需继续探索更有效的方法,并冀望有关主管部门对余热发电方法的探索和开发应用予以关注与支持,以推动余热发电的技术进步,使之持续发展。

# 解析水泥旋风预热器窑烟气分流发电方法<sup>*</sup>

**摘要**:在笔者所撰《一种水泥旋风预热器窑余热发电方法——烟气分流法》(2011年第3期《水泥工程》)的基础上,对该方法的技术内涵作了进一步剖析。着重论述了宏观高固气比、微观高固气比本质上的差别,指出只有高的宏观固气比,才能有效地提高预热器热效率;简要分析了热效率的提高不仅体现在预热器子系统,而且也体现在分解炉以及包括SP炉在内的系统热效率;具体剖析了高系统热效率与高发电量、低热耗的因果关系。

**关键词**:旋风预热器窑;余热发电;烟气分流法;固气比;热效率;发电量

## 0 前言

笔者在《水泥工程》2011年第3期刊发的《一种水泥旋风预热器窑余热发电方法——烟气分流法》一文中,提出一种水泥旋风预热器窑余热发电的新方法,并对水泥旋风预热器窑余热发电有关问题进行了讨论。因限于篇幅,未能进一步展开分析。例如未予论述宏观(整体)固气比与微观(局部)固气比的区别;未能解析由于交叉流工艺与高固气比的原则区别,及交叉流未能达到"期望"的效果和故障率高的原因,从而使某些读者产生对烟气分流法的高固气比的效果与运行可行性、内补燃的积极意义,以及虽供发电烟气量减少而发电量提高等疑虑。为使《水泥工程》的广大读者对这一技术有更深的了解,现就其相关的技术内涵作进一步解析。

## 1 高固气比的作用与运行

烟气分流法之所以比纯余热增加电量的单位电量热耗低,是得益于整体高固气比提高了预热器系统热效率;烟气分流法通过分流提高了供发电烟气温度,产生较高参数蒸汽,提高朗肯循环效率;烟气分流法将原部分预热器出口烟气热能转移、浓缩于温度较高的烟气中,提高了该部分热能的㶲值。

众所周知,固气比是影响预热器热效率的重要因素。设计大师朱祖培先生早在1990年《多级旋风预热器的温度分布》(刊于《水泥技术》1990年第4期)一文中对热容比(实质上是固气比)与预热器的温度分布关系导出著名的关系式;徐德龙

---

\* 原发表于《水泥工程》2014年第1期。

院士在其"高固气比悬浮预热和预分解的理论"中也予以论述;笔者在《多级旋风预热器效率分析》(刊于《新世纪水泥导报》第 4 卷第 4 期)一文中也给出固气比效应关系式。上述观点,虽各以不同方法得出,但其积极作用的结论是一致的,可谓异途同归。高固气比有宏观(整体)高固气比与微观(局部)高固气比之区分。宏观(整体)高固气比的作用体现在整体的热力特性,而局部高固气比的作用仅体现在局部上,与整体的热力特性无关。

宏观固气比的作用属于热力学范畴,是通过热力学第一定律热分析得出的。微观固气比的作用属于动力学范畴,讨论的是传热速率,从理论上虽然固气比高,传热面积大,有利于传热,然而原有的传热面积已足够大,传热已不是控制因素,因此,提高局部固气比效果可忽略不计。

上述朱祖培设计大师等人的研究,均是以预热器系统(非单个旋风筒)为界面得出的宏观固气比作用结论。系统的宏观固气比是指进入系统的物料量与气体量之比,属稳定值。单个预热器内固气比值是动态的,而且各生产线也存在差异。微观高固气比,例如交叉流,其界面是单个预热器,是预热器母系统的子系统,单个预热器的作用犹如力学中的内力,对外界毫无作用,这是熟知的。如提高微观固气比能提高系统热效率,岂不是可通过降低分离效率提高局部固气比,也能提高系统热效率!界面不同,结论岂能混淆。

交叉流的固气比属于微观高固气比。交叉流工艺在 20 世纪 70 年代末 80 年代初已有问世。如:1979 年日本住友水泥公司研制的 SCS 法(住友交叉悬浮预热器和喷射炉全称为 Sumitomo Cross Suspension Preheater and Spouted Furnace),及 1984 年奥地利 VOEST ALPNE 工业公司与德国 SKET/ZAB 公司合作研制的 PASEC 法(平行气流串行料流分解炉全称为 Paralled Serial Calciner)但均未冠以高固气比。PASEC 型 2 200 t/d 熟料窑于 1984 年 8 月在奥地利泊尔摩舍水泥公司曼勒斯多夫水泥厂投产,据报道当单位熟料烟气量(标况)仅为 1.2 m³/kg 时,预热器出口废气温度为 260 ℃,低温度是由于低烟气量的结果,因此可认为是一特例。而且住友交叉悬浮预热器和喷射炉(SCS 法)、平行气流窜行料流分解炉(PASEC 法)和 PASEC 型窑炉技术均未见诸进一步推广使用的报道。

为验证宏观固气比与微观固气比的差别,现以五级预热器为例,对宏观高固气比、微观高固气比进行测算、比较。微观高固气比时设 $\Delta t_{gn}=0$,即完全到达平衡。

从表 1 中可以看出,对比编号 2 与编号 3,编号 2 预热器出口烟气温度未能降低,仅编号 3 是通过分流提高宏观固气比,预热器出口烟气温度显著降低,两者结果如此大的差异,可见宏观固气比与微观固气比的作用不同。编号 4、5、6 等三种类型交叉流,虽提高局部固气比,而宏观固气比仍为普通的固气比,预热器出口烟气温度基本一致。这说明只有减少烟气量提高宏观固气比才能有效地提高预热器热效率。

交叉流由于系统流程复杂、环节多、故障概率高,有可能致使个别生产线运行欠稳定,但仍有生产线至今仍能正常运行,这说明预热器内高固气比是可以正常运行的。而烟气分流法的流程与传统型相同,要比交叉流的简单,正常运行不应有障碍。

表1　不同系统各级预热器出口烟气温度分布　　　（单位:℃）

| 预热组编号 | | 整体固气比 | 局部固气比 | 各级预热器出口烟气温度分布 | | | | | $\Delta t_{gn}$ |
|---|---|---|---|---|---|---|---|---|---|
| | | | | V | IV | III | II | I | |
| 1 | | 1.406 | 1.406 | 865 | 743 | 623 | 489 | 327 | 5 |
| 2 | | 1.406 | 2.869 | 865 | 695 | 577 | 468 | 357 | 0 |
| 3 | | 2.813 | 2.813 | 880 | 544 | 360 | 234 | 144 | 0 |
| 4 | 窑列 | 1.406 | 3.513 | 865 | 718 | 584 | 421 | 343 | 0 |
| | 炉列 | 1.406 | 2.343 | 865 | 760 | 649 | 518 | 334 | 0 |
| 5 | A列 | 1.406 | 2.343 | 865 | 720 | 595 | 453 | 260 | 0 |
| | B列 | 1.406 | 3.513 | 865 | 755 | 643 | 514 | 352 | 0 |
| 6 | A列 | 1.406 | 2.813 | 865 | 704 | 569 | 410 | 286 | 0 |
| | B列 | 1.406 | 2.813 | 865 | 746 | 633 | 492 | 334 | 0 |

注:表中编号1为传统型;编号2为人为设定预热器分离效率低的传统型;编号3为分流法;编号4为交叉流SCS型;编号5为交叉流PASEC型;编号6为西安建科大型。

## 2　烟气分流法高发电量、低热耗分析

文中符号说明:$h$代表热焓;$M$代表物料量;$G$代表烟气量;$r$代表燃料;$3a$代表三次风;$H_2O$代表水(工质);$l$代表液态;$g$代表汽;$K$代表窑;$F$代表分解炉;$SP$代表预热器;$B$代表SP炉;$in$代表入口;$out$代表出口。例如,$(h_M^{SP})_{out}$代表预热器出口物料热焓,即分解炉入口物料热焓$(h_M^F)_{in}$。

### 2.1　分解炉热效率

分流前:

$$\eta_F = \frac{(h_M^F)_{out} - (h_M^F)_{in}}{(h_G^K)_{out} + h_r + h_{3a}} = 0.517$$

分流后：

$$\eta_F' = \frac{\left[(h_M^F)_{out} - (h_M^F)_{in}\right] + (\Delta h_M^{SP})_{out}}{\left[(h_G^K)_{out} + h_r + h_{3a}\right] + (\Delta h_r + \Delta h_{3a})}$$

$\dfrac{\eta_F'}{\eta_F}$ 的判别式：

$\dfrac{(\Delta h_M^{SP})_{out}}{\Delta h_r + \Delta h_{3a}}$ 为引出有效热与补充热之比。由于补充燃料和三次风热（$\Delta h_r +$ $\Delta h_{3a}$）弥补引出有效热（$\Delta h_M^{SP})_{out}$ 后其烟气从系统排出带走热，即（$\Delta h_M^{SP})_{out} < \Delta h_r +$ $\Delta h_{3a}$ 则 $\dfrac{(\Delta h_M^{SP})_{out}}{\Delta h_r + \Delta h_{3a}}$ 值小于 1；随着预热器热效率提高，收益增加，$\dfrac{(\Delta h_M^{SP})_{out}}{\Delta h_r + \Delta h_{3a}}$ 将随 （$\Delta h_r + \Delta h_{3a}$）的降低而提高。

令

$$(h_M^F)_{out} - (h_M^F)_{in} = A$$

$$(h_G^K)_{out} + h_r + h_{3a} = B$$

$$\frac{A}{B} = m; A = mB$$

$$(\Delta h_M^{SP})_{out} = C$$

$$\Delta h_r + \Delta h_{3a} = D$$

$$\frac{C}{D} = am; C = amD$$

分流后的分解炉效率：

$$\eta_F' = \frac{A+C}{B+D} = \frac{mB + amD}{B+D} = m\frac{B+aD}{B+D}$$

当 $a = 1$ 时 $\dfrac{B+aD}{B+D} = 1$；$\dfrac{A+C}{B+D} = m$，即 $\dfrac{A+C}{B+D} = \dfrac{A}{B}$

当 $a > 1$ 时 $\dfrac{B+aD}{B+D} > 1$；$\dfrac{A+C}{B+D} > m$，即 $\dfrac{A+C}{B+D} > \dfrac{A}{B}$

当 $a < 1$ 时 $\dfrac{B+aD}{B+D} < 1$；$\dfrac{A+C}{B+D} < m$，即 $\dfrac{A+C}{B+D} < \dfrac{A}{B}$

判别式：

当 $\dfrac{(h_M^F)_{out} - (h_M^F)_{in}}{(h_G^K)_{out} + h_r + h_{3a}} = \dfrac{(\Delta h_M^{SP})_{out}}{\Delta h_r + \Delta h_{3a}}$ 时，$\dfrac{\eta_F'}{\eta_F} = 1$

当 $\dfrac{(h_M^F)_{out} - (h_M^F)_{in}}{(h_G^K)_{out} + h_r + h_{3a}} < \dfrac{(\Delta h_M^{SP})_{out}}{\Delta h_r + \Delta h_{3a}}$ 时，$\dfrac{\eta_F'}{\eta_F} > 1$

当　　　$\dfrac{(h_M^F)_{out} - (h_M^F)_{in}}{(h_G^K)_{out} + h_r + h_{3a}} > \dfrac{(\Delta h_M^{SP})_{out}}{\Delta h_r + \Delta h_{3a}}$ 时，$\dfrac{\eta_F'}{\eta_F} < 1$

从 V、IV、III 级分流时，$\dfrac{(\Delta h_M^{SP})_{out}}{\Delta h_r + \Delta h_{3a}}$ 分别为 0.575、0.682、0.84。均大于分流前

$\dfrac{(h_M^F)_{out} - (h_M^F)_{in}}{(h_G^K)_{out} + h_r + h_{3a}}$ 的 0.517，$\dfrac{(h_M^F)_{out} - (h_M^F)_{in}}{(h_G^K)_{out} + h_r + h_{3a}} < \dfrac{(\Delta h_M^{SP})_{out}}{\Delta h_r + \Delta h_{3a}}$，即 $\dfrac{\eta_F'}{\eta_F} > 1$。说明分流后

分解炉热效率均比未分流时有所提高。

## 2.2　预热器热效率

预热器热效率表达式为 $\eta_{SP} = \dfrac{(h_M^{SP})_{out} - (h_M^{SP})_{in}}{(h_G^{SP})_{in}}$

分流前原 V 级至 I 级为 65%，从 V 级分流时为 85%；

分流前原 IV 级至 I 级为 63%，从 IV 级分流时为 81%；

分流前原 III 级至 I 级为 50%，从 III 级分流时为 70%。

说明烟气分流和预热器热效率均有大幅度提高。

## 2.3　分解炉＋预热器＋SP 炉热效率

未发电时：

$$\eta = \frac{(h_G^K)_{out} + h_r + h_{3a} - (h_G^{SP})_{out}}{(h_G^K)_{out} + h_r + h_{3a}} = 0.78$$

纯余热发电时：

$$\eta = \frac{(h_G^K)_{out} + h_r + h_{3a} - (h_G^B)_{out}}{(h_G^K)_{out} + h_r + h_{3a}} = 0.859$$

分流法时：

$$\eta' = \frac{(h_G^K)_{out} + h_r + h_{3a} + \Delta h_r + \Delta h_{3a} - (h_G^B)_{out}}{(h_G^K)_{out} + h_r + h_{3a} + \Delta h_r + \Delta h_{3a}}$$

从 V 级出口分流时：$\eta = 0.883$；

从 IV 级出口分流时：$\eta = 0.869$；

从 III 级出口分流时 $\eta = 0.863$。

说明烟气分流后分解炉、预热器、SP 炉系统效率均有不同程度的提高。为烟气分流法提高发电效率，提供基础。

## 3 烟气分流法的特点

### 3.1 供发电烟气温度高

烟气温度高的作用有：

（1）提高供发电单位热能载体（烟气）的热能。

烟气热能是体积与温度的乘积，即热能正比于温度。烟气分流法引出烟气热能包括：引出部分原预热器出口烟气热能，另一部分未引出原预热器出口烟气热能降低量的转移，以及补充燃料热，因此烟气分流法虽然其供发电烟气量低于原预热器出口烟气量，但温度高，故烟气热能却高于原预热器出口烟气热能。

（2）提高蒸汽参数

提高蒸汽参数是提高朗肯循环效率的重要手段，提高蒸汽参数必须有温度高的烟气，而预热器出口烟气及冷却机余风温度只能产生中低参数蒸汽，分流法通过预热器烟气的分流，分流出供发电烟气温度从未分流、Ⅲ、Ⅳ、Ⅴ级分流时分别为325 ℃、537 ℃、663 ℃和880 ℃。其蒸汽初温分别为296 ℃、435 ℃、535 ℃时，各项指标有大幅度提高。以五级预热器窑为例进行测算，结果列于表2。

表2　不同初汽温度五级预热器窑的相关测算数据

| 分流预热器序号 | 未分流 | 从Ⅲ级分流 | 从Ⅳ级分流 | 从Ⅴ级分流 |
|---|---|---|---|---|
| 烟气温度/℃ | 325 | 537 | 663 | 880 |
| 初汽温度/℃ | 296 | 435 | 535 | 535 |
| 吨熟料发电量/(kWh·t$^{-1}$) | 26.4 | 47.4 | 67.9 | 109.4 |
| 增加发电量/(kWh·t$^{-1}$) | | 21 | 41.5 | 83 |
| 增加标煤量/(kg·t$^{-1}$) | | 4.17 | 9.5 | 24.77 |
| 增加电量单位标煤耗/(g·kWh$^{-1}$) | | 199 | 229 | 298 |

从表中可以看出，由于初汽参数的提高，各项指标有显著的改善。这恰好说明刻意强求纯低温发电并不明智。

### 3.2 提高预热器出口部分烟气热能的最大作功能力

烟气分流法的分流与内补燃是互为依存的，正是这一分一补使预热系统产生质的变化，将原预热器出口烟气中部分热能转移、浓缩于分流出温度较高的烟气中，提高该部分热能的最大作功能力，从而提高其发电量。

## 3.3 补充燃料利用率高

将分流、补燃过程分解进行分析。

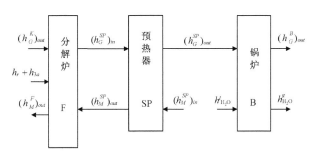

**图1 纯余热发电热流图**

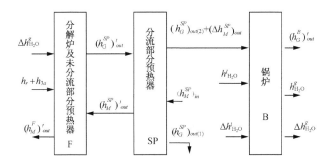

**图2 分流而未补燃热流图**

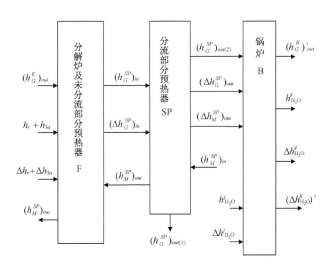

**图3 分流补燃热流图**

（1）纯余热发电 SP 炉热分析方程：

$$(h_G^{SP})_{out} + h_{H_2O}^l = (h_G^B)_{out} + h_{H_2O}^g$$

（2）分流而未补燃 SP 炉热分析方程：

$$(h_G^{SP})_{out(2)} + (\Delta h_M^{SP})_{out} + h_{H_2O}^l + \Delta h_{H_2O}^l = (h_G^B)'_{out} + h_{H_2O}^g + \Delta h_{H_2O}^g$$

$$(h_G^{SP})_{out(2)} = (h_G^{SP})_{out} - (h_G^{SP})_{out(1)};$$

$$(h_G^B)'_{out} = (h_G^B)_{out} - (h_G^{SP})_{out(1)}$$

则：

$$(\Delta h_M^{SP})_{out} = \Delta h_{H_2O}^g - \Delta h_{H_2O}^l$$

这说明引出预热器出口物料热焓差 $(\Delta h_M^{SP})_{out}$ 转化为增加工质热焓差 $(\Delta h_{H_2O}^g - \Delta h_{H_2O}^l)$，全部被工质吸收。

（3）分流补燃 SP 炉热分析方程：

$$(h_G^{SP})_{out(2)} + (\Delta h_M^{SP})_{out} + (\Delta h_G^{SP})_{out} + h_{H_2O}^l + \Delta h_{H_2O}^l$$

$$= (h_G^B)'_{out} + h_{H_2O}^g + \Delta h_{H_2O}^g + (\Delta h_{H_2O}^g)'$$

同样有

$$(\Delta h_M^{SP})_{out} + (\Delta h_G^{SP})_{out} = (\Delta h_{H_2O}^g - \Delta h_{H_2O}^l) + [(\Delta h_{H_2O}^g)' - (\Delta h_{H_2O}^l)']$$

$$(\Delta h_G^{SP})_{out} = (\Delta h_{H_2O}^g)' - (\Delta h_{H_2O}^l)'$$

说明其效果与分流补燃 SP 炉相同。

（4）纯余热发电分解炉加预热器热分析方程：

$$(h_G^K)_{out} + h_r + h_{3a} + (h_M^{SP})_{in} = (h_G^{SP})_{out} + (h_M^F)_{out}$$

（5）分流补燃分解炉加预热器热分析方程：

$$(h_G^K)_{out} + h_r + h_{3a} + \Delta h_r + \Delta h_{3a} + (h_M^{SP})_{in}$$

$$= (h_G^{SP})_{out(1)} + (h_G^{SP})_{out(2)} + (\Delta h_G^{SP})_{out} + (\Delta h_M^{SP})_{out}$$

得：

$$\Delta h_r + \Delta h_{3a} = (\Delta h_G^{SP})_{out} + (\Delta h_M^{SP})_{out} = (\Delta h_{H_2O}^g)' - \Delta h_{H_2O}^l + \Delta h_{H_2O}^g - \Delta h_{H_2O}^l$$

式中：$\Delta h_r$——补充燃料热；

$\Delta h_{3a}$——增加三次风热，这说明补充燃料及三次风热能全部转化为工质热能。

## 4　小结

从图 3 可知：由原预热器出口烟气热能 $(h_G^{SP})_{out(2)}$ 即 $h_{G,out}^{SP}$ 转化的蒸汽热能为 $h_{H_2O}^g$，其产生电量为 $(E_0 + \Delta E_0)$，其中 $E_0$ 为低参数蒸汽时的电量，$\Delta E_0$ 为提高蒸汽参数后的增量；由引出有效热 $(\Delta h_M^{SP})_{out}$ 转化的蒸汽热能为 $\Delta h_{H_2O}^g$，由补充燃料烟气热能 $(\Delta h_G^{SP})_{out}$ 转化的蒸汽热能为 $(\Delta h_{H_2O}^g)'$，其共同产生电量为 $E_r$。即总电量 $E = E_0 + \Delta E_0 + E_r$。由于高参数蒸汽及原余热的升级，可得高的 $E_r$ 及 $\Delta E_0$，因而可得高电量。由于有高整体固气比，高预热器热效率，其收益减少了补燃量，因此可降低由燃料产生电量的单位电量热耗。

## 5　结语

（1）分流法的特点：

①通过分流提高预热器内整体固气比，提高预热器热效率，其收益将降低相应的补燃量；

②供发电烟气温度高，可提高单位烟气量的热能，可产生中高参数蒸汽，提高朗肯循环效率；

③将原预热器出口烟气中大部分热能转移、浓缩于分流出温度较高的烟气中，提高了该部分热能的最大做功能力；

④分流与补燃互为依存，虽属于补燃型，但系内补燃，所补充的燃料热焓可全部予以利用转化为工质热焓，因此烟气分流法的内补燃有别于简单的内补燃，补充燃料后提高了原有供发电热能的"质"，相当于向水泥窑预热系统注入负熵流。

（2）由于上述因素的积极作用，烟气分流法不仅单位熟料发电量高，更重要的是增加电量的单位能耗低于全国火力发电先进水平，因此其节能性优于纯余热发电。

（3）烟气分流法虽也有增加燃料产生的烟气，但这部分烟气随引出烟气进入 SP 炉而不降低预热器内固气比。

（4）水泥窑余热发电的"本"或目的是节能，方法仅是手段，手段应服务于目的，只要是节能的就没有必要拘泥于纯余热、纯低温和补燃等形式。

# 参考文献

［1］时钧.化工原理讲义.南京:南京工学院,1954

［2］亚历山大·芬德利.相律及其应用[M].北京:化学工业出版社,1959

［3］朱祖培.多级旋风预热器的温度分布[J].水泥技术,1990(4):2-5

［4］彭守正.悬浮预热器的漏风与热效率[J].水泥技术,1990(6):8-11

［5］时铭显,吴小林.旋风分离器的大型冷模试验研究[J].化工机械,1993,20(4):187-192

［6］乔·马丁.化学工程及化工热力学在水泥回转窑上的应用[M].(英国技术出版社,1954年内部翻译版)

［7］陆震洁,李昌勇.2 500 t/d新型干法水泥窑余热发电项目热工检测分析[J].新世纪水泥导报,2008(3):3-7

［8］盛洁,公磊,李昌勇.LHWC水泥厂余热发电项目热工检测和效益评估[J].新世纪水泥导报,2010(3):16-18

［9］方仕鹏.余热发电效率及对窑系统的影响及对策[J].新世纪水泥导报,2010(3):19-21

［10］唐金泉.PC窑纯低温余热发电技术评价方法的探讨[J].水泥工程,2007(3):78-84

［11］陶从喜,孙洁.浅析6级预热器的推广与应用[J].水泥技术,2009(6):31-34

［12］陈全德.新型干法水泥技术原理与应用[M].北京:中国建材工业出版社,2004

# 后 记

　　本书汇集了笔者从 20 世纪 60 年代至今有关水泥窑热力学研究方面的文章，凝聚了笔者研究的心得体会，今能得以成书，以遂夙愿，所有研究所得的观点均系一家之见，限于水平，谬误在所难免，尚请读者谅解，但愿对后来学者有所启迪。

　　本书的付梓要感谢《水泥工程》杂志总编贺峰先生向东南大学出版社的郑重推荐。书中《新型干法回转窑的窑型和热利用系数》一文，是笔者提供的素材，因对两支点窑的观点与设计大师朱祖培不谋而合，朱先生主动提出执笔并共同署名。《一种水泥旋风预热器窑余热发电方法——烟气分流法》《试论水泥旋风预热器窑余热发电方法》二文经胡道和教授审阅后定稿，应笔者要求与其共同署名。在成书的过程中，内子金月丽女士对文章认真检阅，纠正了不少误漏，并提出宝贵建议。一并致谢。

笔者谨识